本研究受国家自然科学基金项目（No.30872043）、“十一五”国家科技支撑计划课题（2006BAD01A15-2）和国家“863”转基因快速反应课题资助，特此谢忱！

北京林业大学优秀博士论文基金资助丛书

毛白杨抗锈病基因筛选与NBS型抗病基因分析

Screening for Genes Involved in Resistance against Leaf Rust in *Populus tomentosa* Carr. and Characterization of NBS Type of Disease Resistance Genes

张　谦　张志毅　著

中国环境科学出版社·北京

图书在版编目（CIP）数据

毛白杨抗锈病基因筛选与NBS型抗病基因分析/张谦著．
北京：中国环境科学出版社，2010
（北京林业大学优秀博士论文基金资助丛书．第6辑）
ISBN 978-7-5111-0246-1

Ⅰ．毛…　Ⅱ．张…　Ⅲ．毛白杨—抗病品种—基因—
研究　Ⅳ．S792.117.04

中国版本图书馆CIP数据核字（2010）第073648号

责任编辑　周　煜
封面设计　玄石至上

出版发行　中国环境科学出版社
（100062　北京崇文区广渠门内大街16号）
网　　址：http://www.cesp.com.cn
联系电话：010-67112765（总编室）
发行热线：010-67125803
印　　刷　北京市联华印刷厂
经　　销　各地新华书店
版　　次　2010年8月第1版
印　　次　2010年8月第1次印刷
开　　本　850×1168　1/32
印　　张　6.25
字　　数　170千字
定　　价　25.00元

序　言

科学技术水平是知识经济时代评价一个国家国力的重要标准。科技水平高则国力强盛，无论在政治、经济、文化、信息、军事诸方面均会占据优势；而科技水平低则国力弱，就赶不上时代的步伐，就会在竞争日趋激烈的国际大舞台上处于劣势。江泽民同志在庆祝北大建校 100 周年大会上也强调指出："当今世界，科学技术突飞猛进，知识经济已见端倪，国力竞争日益激烈。"因此，提高科学技术水平，提高科技创新能力已为世界各国寻求高速发展时所共识。我国将"科教兴国"作为国策也表明了政府对提高科技水平的决心。博士研究生朝气蓬勃，正处于创新思维能力最为活跃的黄金年龄，同时也是我国许多重要科研项目的中坚力量，他们科研成果水平的高低在一定程度上影响着一个高校、一个科研院所乃至我国科研的整体水平。国务院学位委员会每年一度的"全国百篇优秀博士论文"评选工作是对我国博士研究生科研水平的集体检阅，已被看作是博士研究生的最高荣誉，对激励博士勇攀科技高峰起到了重要的促进作用。北京林业大学不仅积极参加"全国百篇优秀博士论文"的推荐工作，还以此为契机每年评选出三篇校级优秀博士论文并设立专项基金全额资助论文以丛书形式出版，这是一项非常有意义的工作，对推动学校科研水平的提高将发挥重要作用。

从人才培养的角度来看，如何提高博士研究生的创新思维能力和综合素质，高质量地向社会输送人才备受世人关注。提高培养质量的措施很多，但在培养中引入激励机制，评选优秀博士论文并资助出版，不失为一种好方法。博士生和导师可据此证明自己的学术能力，确立自己的学术地位；也可激励新入学的研究生尽早树立目标，从而在培养的全过程严格要求自己，提高自身的素质。

因学科的特殊性，要想出色完成林业大学的博士论文有许多其他学科所不会遇到的困难，如研究周期长，野外条件难于严格控制，工作条件难苦等。非常欣慰的是北京林业大学的博士生们不仅克服困难完成了学业，而且已经有人中选“全国百篇优秀博士论文”。而该丛书资助出版的“校级优秀博士论文”所涉及的研究领域、研究成果的水平也属博士论文中的佼佼者，令我欣喜。对这些博士生所取得的成果我表示祝贺，同时也希望他们以及今后的同学们再接再厉，取得更好的成绩报效祖国。

中国工程院副院长、院士

沈国舫

2002年8月10日

摘 要

毛白杨（*Populus tomentosa* Carr.）是我国特有的白杨派乡土树种，具有分布广、速生、抗逆性强、材质优良等特性，深受生产者欢迎。然而，毛白杨在生长发育过程中常常受到病原物的危害，尤其是毛白杨锈病，使得其生长与生产受到严重影响，已引起人们的广泛关注。目前有关毛白杨抗病研究十分薄弱，在抗病遗传资源筛选、抗病品种选育、抗病基因定位与克隆等方面仍属空白，这远远落后于黑杨派与青杨派树种的抗病研究，也与毛白杨生产中迫切期待解决病害的需求形成了鲜明的反差。为此，本研究通过毛白杨锈病活体接种试验，筛选到具有强抗病能力的无性系；运用 PCR 方法，从中克隆到 NBS 型抗病基因同源序列，对这些基因的进化关系与表达模式进行分析，并从中筛选到 1 个毛白杨锈病抗性相关基因（DQ324288）；通过 RACE-PCR 分析，克隆到 DQ324288 基因家族的 2 个成员，并对其组织表达特性与诱导表达规律进行研究。在构建抗病基因原核表达载体、RNAi 干扰载体和正义表达载体基础上，开展原核表达以及烟草和杨树的遗传转化研究，获得一批转基因植株，并对转基因烟草进行抗病试验。此外，以毛白杨 RGA 为探针，运用生物信息学方法从毛果杨基因组中克隆到 74 个 NBS 型抗病基因，研究这些基因的结构特点和进化关系，并对这些毛果杨基因在三倍体毛白杨各组织器官中的表达特性以及在多种生物和非生物诱导胁迫下的表达规律进行分析。通过上述研究可得到以下主要结果：

1．本研究以先前筛选得到的抗逆性强的 28 个毛白杨杂种无性系为试材，以致病性强的马格栅锈菌（*Melampsora magnusiana*

Wanger）为病原物，进行毛白杨锈病活体接种试验，结果发现，在供试材料中，有13个具有不同发病程度的感病无性系和15个无发病症状的抗病无性系，通过分析进一步筛选得到2个具有过敏性反应的强抗病三倍体毛白杨［（*P. tomentosa* × *P. bolleana*）× *P. tomentosa*］无性系。利用抗病 *R* 基因 NBS 结构域保守区域设计简并引物，运用 PCR 方法从抗病无性系中克隆得到59个NBS型抗病基因同源序列（RGA）。依据进化关系，59 个 RGA 可被划分为10个亚家族，其中具有完整开放阅读框（ORF）的54个 RGA 可被进一步划分为 TIR 型与 non-TIR 型。序列比对分析发现，59 个 RGA 在毛果杨基因组内共有 96 个高度同源区域，它们分布在基因组的 37 个位点，表明三倍体毛白杨基因组内具有丰富的 NBS 型抗病基因。另外，在亚家族 1 至 3 中，异义突变与同义突变的平均比值（ω）显著小于 1，说明毛白杨 NBS 序列承受着极强的纯化选择压力，但 NBS 区域的一些氨基酸位点的ω值显著大于 1，这些位点承受着正向选择压力。同时，在这 3 个亚家族的 RGA 中还检测到大量的基因交换，这说明基因交换在 NBS 序列的纯化过程中发挥着重要作用。荧光定量 PCR 分析发现，序列差异显著的 21 个 RGA 中有 18 个在三倍体毛白杨的成熟叶片、茎和根中组成型表达，但不同基因间的表达水平存在显著差异，其中 2 个基因的表达具有成熟树皮特异性，4 个基因具有成熟叶片特异性，14 个基因具有地上部分特异性，这些基因可能具有抵抗组织器官特异性病害的功能。

2. 通过序列比对分析，从 59 个毛白杨 RGA 中筛选到基因 DQ324288，它与美洲黑杨叶锈病抗性位点 *MER* 的基因组序列以及其中的 60I2G11 基因同源性高达 93%；而且在 28 个毛白杨无性系内均发现有此同源序列，并可在叶片中呈组成型特异表达，其表达水平与毛白杨无性系的抗病能力呈正相关，表明DQ324288基因可能为毛白杨锈病抗性相关基因。在此基础上，采用 RACE-PCR 方法克隆到该基因家族 2 个成员的全长 cDNA 序列，

分别命名为 *PtDRG*01 和 *PtDRG*02 基因。序列分析与实验结果表明，它们分别为 TIR-NBS-LRR 和 TIR-NBS 基因，在基因组内具有多拷贝，与 DQ324288 基因具有相同的组织表达特性，而且受伤诱导、甲基茉莉酸和水杨酸处理后表达上调，但对暗培养和农杆菌侵染无响应。生物信息学分析结果表明，*PtDRG*01 与 *PtDRG*02 基因所编码蛋白的等电点 pHi 分别为 8.165 和 10.325，且蛋白内存在大量亲水性二级结构，表明它们为碱性、亲水性蛋白。原核表达研究均可检测到目标长度的特异表达蛋白，说明所获得的 *PtDRG*01 和 *PtDRG*02 基因均具有完整的编码框，而且蛋白表达量随温度上升和诱导时间延长而增加。为了研究 *PtDRG*01 基因的功能，本研究在 *PtDRG*01 基因的正义表达载体构建的基础上，开展农杆菌介导的烟草遗传转化研究，获得了一批转基因植株。分子检测表明，外源基因已成功导入烟草基因组并稳定存在，而且外源基因在基因组内的拷贝数是内源 *ACTIN* 基因的 0.1 或 0.2 倍，但在转基因烟草的不同无性系内具有不同的表达水平。烟草花叶病毒（TMV）接种试验结果发现，接种 1 周后的转基因烟草的发病程度和顶叶中的病毒数量显著低于未转基因对照植株，而且叶片中的病毒数量与外源基因的表达水平呈负相关；接种 6 周后，未转基因烟草新萌发顶端叶片出现畸形，而外源基因高效表达的转基因无性系 Pt-11 顶端叶片保持正常叶型，而且转基因顶端叶片的病毒数量也显著低于对照叶片，这些结果说明 *PtDRG*01 基因具有较强的抗 TMV 能力。此外，本研究还构建了 *PtDRG* 基因家族的 RNA 干扰表达载体，并采用基因枪法进行抗病三倍体毛白杨无性系的遗传转化研究，获得了一批卡那霉素抗性植株，PCR 检测证实外源基因已整合到三倍体毛白杨基因组内。

3．应用基因预测软件，从与毛白杨 RGA 高度同源的毛果杨基因组区域中克隆得到 74 个 NBS 型抗病基因。它们的外显子和内含子的长度、数量各不相同，而且所编码的氨基酸所含结构域种类、数量、长度也存在显著差异。依据基因结构组成，74个毛果杨抗病基因可分为 9 种类型，依据进化关系则可分为 11 个亚家族。从中筛选出结构与序列高度相似的 8 个 Group 抗病基因进行进化分析，结果发现，基因的平均ω值大于、小于或接近 1，表明这些 Group 基因的进化整体上分别承受着正向选择、纯化选择或中性选择压力。除 Group 6 基因外，其余基因包含不同数量的正向选择氨基酸位点，其ω值均显著大于 1，而且多数氨基酸位点不均匀地集中在基因中下游区域，表明抗病基因的中下游可能是决定基因作用对象特异性的主要区域。另外，在进化树的 7 个亚家族和 8 个基因组位点的基因中检测到许多基因转换，说明基因转换在基因进化中具有重要作用。为了进一步了解抗病基因与毛白杨的关系，本研究定量分析了 74 个毛果杨抗病基因在三倍体毛白杨 6 种组织器官（组培苗叶片、成熟叶片、幼嫩叶片、成熟树皮、幼嫩树皮与根）中的表达水平，结果表明，共有 27 个毛果杨抗病基因在三倍体毛白杨中呈现组成型表达，但不同基因间的表达水平存在显著差异。进一步比较分析发现，在树干顶端叶片、顶端幼嫩树皮和下部成熟树皮具有特异高效表达特性的基因分别有 6 个、2 个和 3 个，表明这些基因可能参与组织器官特异的抗病反应。另外，24 个基因在幼嫩树叶中的表达水平显著高于成熟树叶中的表达水平，22 个基因在成熟树皮中的表达水平也显著高于幼嫩树皮中的表达水平，5 个基因在各组织器官的表达水平均显著高于其它抗病基因的表达水平。逆境胁迫实验结果发现，表达水平受伤诱导下调的基因有 2 个，受伤诱导、暗培养、甲基茉莉酸（MeJA）处理、水杨酸（SA）处理和野生根癌农杆菌侵染而上调的分别有 22 个、20 个、14 个、6 个和 11 个基因，表明三倍体毛白杨体内可能存在复杂的信号传递途径，它们相互交织在一起，协同调控着抗病基因的表达。

上述研究初步揭示了毛白杨抗病资源、杨树抗病基因的进化与表达，获得了具有抗病功能的毛白杨锈病抗性相关基因，填补了毛白杨抗病研究在此领域的空白，并可为将来开展抗病基因分离、功能鉴定以及杨树抗病基因工程研究奠定坚实基础，并提供了科学借鉴。

关键词：毛白杨，叶锈病，抗病基因，进化分析，基因表达，定量 PCR 分析，功能鉴定

Screening for Genes Inovlved in Resistance against Leaf Rust in *Populus tomentosa* Carr. and Characterization of NBS Type of Disease Resistance Genes

Zhang Qian，Zhang Zhiyi

ABSTRACT

Populus tomentosa Carr. is an indigenous tree species of white poplar（in section Leuce）in China and widely employed for forestation and landscape in northern China. However，this poplar species is susceptible to a wide variety of diseases，particularly the leaf rust caused by *Melampsora magnusiana* Wagner，which often severely affect the poplar growth and yield. In contrast to tremendous progress in the identification and characterization of resistance loci in poplars（in section Tacamahaca and Aigeiros）as well as of putative disease resistance genes from genome sequences of *P. trichocarpa*，little is known about disease resistance in *P. tomentosa* so far.

In this study，inoculation bioassays were performed on hybrids of *P. tomentosa* with leaf rust fungi and screened out 2 highly resistant clones of white poplars. Many resistance gene analogs（RGAs）were isolated from one resistant clone using PCR-based approach for the analyses of evolution and expression profile of disease resistance genes in white poplar and one RGA（DQ324288）was identified that showed putative involvement in resistance against leaf rust in *P. tomentosa*. Two members of DQ324288 gene family were cloned using RACE-PCR analysis and the expression profile of these 2 genes was analyzed using real time PCR analyses. Based on the construction of prokaryotic expression vector，RNA interference vector and sense expression vector，prokaryotic expression analysis and genetic transformation on resistant poplar and tobaccos were conducted to reveal the potential function of the above two genes. In addition，a number of resistance genes were identified from the genome of *P. trichocarpa* based on the RGAs of white poplar，and organization，evolution as well as expression profile of these genes in a triploid white poplar clone were studied. The main results from the above mentioned studies are described as below：

1. The inoculation assays with leaf rust fungi were performed on 28 clones of hybrids of *P. tomentosa* and identified 13 susceptible clones with various degrees of rusting sypmton and 15 resistant clones without sympton，of which 2 clones of triploid white poplars [（*P. tomentosa* × *P. bolleana*）× *P. tomentosa*] were considered highly resistant to leaf rust since hypersensitive response was observed. Based on the highly resistant poplars and presence of a nucleotide binding site（NBS）domain in majority of cloned plant disease resistance genes（*R* genes），59 resistance gene analogs（RGAs）were identified by using PCR analysis with degenerate primers. The 59 RGAs were phylogenetically classified into 10 subfamilies and 54 RGAs with open reading frames（ORFs）were further grouped into two classes，toll and interleukin-1 receptor（TIR）and non-TIR. BLAST searches with reference to the genomic sequence of *P. trichocarpa* found 96 highly homologous regions distributed in 37

loci, suggesting the abundance and divergence of NBS encoding genes in the triploid poplar genome. Within subfamilies 1 to 3, the average nonsynonymous/synonymous substitution (ω) rates were< 1, indicating purifying selection on these RGAs, but some sites were clearly under diversifying selection with ω>1. Many intergenic exchanges were also detected among these RGAs, indicating the probable role in homogenizing the NBS domains. Quantitative real-time PCR analysis revealed dramatic variations in the transcript level of 18 RGAs in the mature leaves, bark and roots of the triploid poplar and identified 2 RGAs that had significantly higher level of transcripts in bark, 4 RGAs in mature leaves, and 14 in the above ground portion of poplars, suggesting their probable roles respectively involved in resistance against the pathogens attacking the organs.

2. A RGA(DQ324288 gene)was identified out of triploid poplar RGAs that shared high similarity (93%) with the genomic sequence of *P. deltoides* cultivar S9-2 *MER* locus, conferring resistance to three races of rust fungi *M. larici-populina* Kleb, and with the 60I2G11 gene within the *MER* locus. DQ324288 had homologous genes in twenty-eight triploid poplar clones, and was expressed constitutively and specifically in leaf tissue. Its expression level was increasing along with the increase in the level of resistance of the hosts against leaf rust, indicating its close relationship with the resistance against this pathogen. RACE-PCR analysis revealed two members of this gene family: *PtDRG*01 and *PtDRG*02 gene, encoding TIR-NBS-LRR and TIR-NBS proteins, respectively. These two genes displayed similar expression profile with DQ324288 gene, and positive responses to wounding, MeJA and SA rather than darkness and *A. tumefaciens*. Bioinformatic analysis showed that the deduced proteins

of two genes were soluble and hydrophilic with respective pHi 8.165 and 10.325. The high level expression of fusion proteins of two genes in *Escherichia coli* was induced the IPTG and the expression level was elevated with the increase in induction temperature and time. The *PtDRG*01 gene was cloned into an expression vector and transferred to tobaccos via *A. tumefaciens*-mediated transformation. The integration of foreign genes into the genome of transgenic tobaccos was confirmed by PCR analyses with two sets of primers and the number of foreign genes in the genome of tobaccos were identified to be 0.1-fold or 0.2-fold of that of native *ACTIN* gene by quantitative real-time PCR analysis. The expression of *PtDRG*01 gene varied dramatically among different transgenic lines. One-week-period inoculation with tobacco mosaic virus（TMV）revealed that the transgenic tobaccos contained less number of viruses than non-transgenic ones and that the number of viruses was negatively correlated with the expression level of *PtDRG*01 gene. Moreover, six-week-period inoculation induced abnormal morphology of apical leaves on the non-transgenic tobaccos and normal morphology of apical leaves on the transgenic tobaccos with high level transcripts of *PtDRG*01 gene, indicating that *PtDRG*01 gene has the potential to enhance resistance of tobaccos to TMV. In addition, a RNA interference expression vector of *PtDRG* gene family was constructed and transferred into the resistant triploid poplar through particle bombardment. Many transgenic poplars were obtained and the integration of RNAi sequences into the host genome was confirmed by the PCR analysis with two sets of gene specific primers.

3. A total of 74 *R* genes with the NBS domains were identified from the genomic sequences of *P. trichocarpa* that were highly homologous to the RGAs from triploid white poplar. The extrons and

introns in these genes varied significantly in both length and number， and the protein domains showed dramatic variations in organization， number and length. These 74 *R* genes were structurally classified into 9 classes with distinct protein domain organizations and phylogeneitcally divided into 11 subfamilies according to the degree of the nucleotide sequence similarity. Within 8 groups of genes with high similarity in nucleotide sequences and length， the average ω rates were >1， <1， or close to 1， respectively， indicating the positive selection， purifying selection or neutral selection on these resistance genes， but many sites within genes of 7 groups（except for group 6）were clearly under diversifying selection with $\omega>1$. Many intergenic exchanges were also detected among these resistance genes， indicating the important roles that gene conversions play in the evolutionary process of resistance genes from *P. trichocarpa*. For a better understanding of resistance genes in white poplars， the expression patterns of these 74 genes in various organs of a triploid white poplar， under different growth conditions， were examined by using quantitative real-time PCR. Twenty-seven of 74 genes from *P. trichocarpa* were expressed in 6 examined organs at various levels. Six， two and three genes， respectively， displayed significantly higher expression levels in apical leaves， young bark and mature bark than in other organs， indicating that these genes may be involved in organ specific disease resistance. Twenty-four genes had dramatically greater expression in apical leaves than in mature leaves， 22 genes higher in the mature bark than in the young bark， and five genes systematically displayed dramatically stronger expression than other genes. Wounding induced an increase in the transcript level of 22 genes and a reduction for 2 genes. Twenty genes were up-regulated by darkness， 14 by methyl jasmonate acid（MeJA）， 6 by salicylic acid

（SA），and 11 by the compatible *Agrobacterium tumefaciens*, implying a complex interconnecting signal transduction pathways that regulates the expression of poplar *R* genes.

Our results shed light on the genetic resources of poplar resistance，the evolution and expression profiling of poplar resistance genes，and the preliminary features of putative resistance gene against leaf rust in *P. tomentosa*，which will be helpful for the further characterization of their function.

Key words：*Populus tomentosa* Carr.，leaf rust，resistance gene，evolutionary analysis，gene expression，quantitative real-time PCR，functional identification

目　录

1 文献综述

1.1 植物抗病 *R* 基因研究概况

在自然界中，植物会受到多种病原真菌、细菌、病毒、线虫等的侵袭，但一种植物只感染为数不多的病害，而对大部分病原物则能表现出抗性（Dangl and Jones，2001）。这是因为在长期进化过程中，植物形成了一系列防御病原物入侵的机制（张谦等，2005）。

预成型抗性（Preformed resistance）是植物抗病防御系统中的重要组成部分。它主要包括植物组成型表达的腊质、细胞壁成分、抗菌肽、抗菌蛋白以及非蛋白酶类次生物质，这些物质能阻碍或延缓外源病原物的入侵，进而达到抗病的目的（Veronese et al，2003）。

非寄主抗性（Nonhost resistance）是植物的另一种抗病防御机制（Staskawicz et al，1995）。它是一种不具有寄主特异性的广谱抗病性，能使一种植物对许多病原菌中所有的基因型均具有抗性，因而确保一种植物对绝大部分病原菌具有抗性（Thordal-Christensen，2003）。就其作用机制而言，细胞学观察试验获得了一些进展。目前的主要观点是，非亲和性病原菌无法穿透寄主植物的细胞壁，从而无法渗透进入寄主细胞，导致发病（Yun et al，2003；Zimmerli et al，2004；Ellis，2006）。

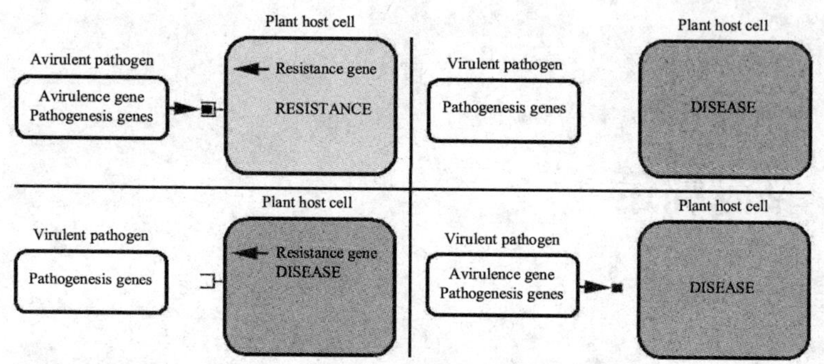

图 1-1　*R* 基因介导的抗病反应中基因对基因相互作用

（引用 Staskawicz et al，1995）

Fig. 1-1 Gene-for-gene interactions in disease resistance mediated by plant *R* gene

物种特异抗性（The race- or cultivar-specific resistance）是植物抗病防御反应的主要作用机制，也是研究最为深入的作用机制（Veronese et al，2003）。根据基因对基因（gene-for-gene）假说（Flor，1971；Staskawicz et al，1995），特异抗病反应需要寄主植物的抗病基因（Resistance gene，*R*）与病原菌中对应的无毒基因（Avirulence gene，*Avr*）同时存在，并共同作用（图 1-1）（Staskawicz et al，1995）。在非亲和性的抗病反应体系中（Incompatible interaction），植物抗病 *R* 基因的表达产物能识别病原菌 *Avr* 基因的表达产物，启动植物体内下游的防卫级联反应（Downstream defense cascades），并可在侵染部位诱导产生活性氧物质（Active oxgen species，AOS）和过敏性反应（Hypersensitive response，HR），进而达到抑制病原菌扩散及抗病的目的（Hammond-Kosack and Jones，1997）。如果 *Avr* 基因或 *R* 基因中的任何一个不存在或无活性时，均可导致植物发病（Dangl and Jones，2001）。目前，这种基因对基因的相互作用关系已广泛适用于植物与各种病原物，包括病毒、细菌、真菌、线虫、甚至昆虫（Scoffield et al，1996）。

由此可见，抗病 *R* 基因在植物的抗病反应中发挥着至关重要的作用。近年来，克隆植物抗病基因，研究其结构与功能，探索植物与病原物之间的相互关系，一直是植物病理学研究的热点（Baker et al，1997）。

1.1.1 抗病 *R* 蛋白分类

1992 年 Johal 等利用转座子标签法，从玉米中分离到第 1 个 *R* 基因（抗圆斑病基因 *HM*1），而克隆的第 1 个真正符合“基因对基因”假说的 *R* 基因是番茄抗丁香杆菌基因 *Pto*（Martin et al，1994）。此后，各国科学家采用图位克隆法（Map-based cloning）与转座子标签技术（Transposon tagging），已从拟南芥、烟草、亚麻、番茄、水稻、甜菜、辣椒、玉米、大麦等 10 多种农作物中克隆得到大量的 *R* 基因（Dangl and Jones，2001；张谦等，2005）。

R 基因能响应的病原菌与致病效应分子（Pathogenicity effector molecules）种类繁多。依据编码蛋白结构域不同，*R* 基因总共编码 5 类蛋白。第 1 类蛋白包含跨膜结构域（Transmenbrane domain）和亮氨酸富集重复域（Leucine rich repeat，LRR），如 Cf-X 类 R 蛋白；第 2 类蛋白包含蛋白激酶结构域（Kinase）、跨膜结构域和胞内结构域，如 Xa21 蛋白；第 3 类蛋白含丝氨酸/苏氨酸蛋白激酶域（Ser/Thr Kinase，STK），如 Pto 和 Fen 蛋白；第 4 类蛋白含卷丝结构域（Coiled-coil，CC），也叫 N 端锚定信号肽（Signal anchor at the N terminus），如 RPW8 蛋白；第 5 类也是最大一类蛋白包含核苷酸结合位点（Nucleotide binding site，NBS）和亮氨酸富集重复域（Dangl and Jones，2001；Ellis et al，2000；Hulbert et al，2001）。

1.1.2 植物中 NBS-LRR 类抗病蛋白

依据 N 端是否存在一个与果蝇/哺乳动物白细胞介素 1 受体同源的区域（Mammalian interleukin-1 receptor homology region，TIR），NBS-LRR 编码蛋白可进一步分为 2 个亚类：包含 TIR 的 TIR-NBS-LRR 亚类和不包含 TIR 的 non-TIR-NBS-LRR 亚类（Meyers et al，1999）。通常情况下，后者的 N 端含有卷丝结构域，因此被命名为 CC-NBS-LRR 亚类（Meyers et al，1999；Cannon et al，2002）。许多研究发现，NBS-LRR 抗病蛋白具有一个显著的结构特征，即羧基端 LRR 在数量上存在显著差异。除 NBS-LRR 类抗病蛋白外，多种蛋白中都包含 LRR 结构域，它们大多为蛋白之间相互作用（Protein-protein interaction）的位点、肽链配体结合（Peptide-ligand binding）位点或蛋白质糖类相互作用（Protein-carbohydrate interaction）的位点，而且保守的 NBS 结构域在结合 ATP 或 GTP 中发挥关键作用（Jones and Jones，1996）。近来有研究证实，番茄中编码 NBS 结构域的 *R* 基因编码蛋白 I-2（Products I-2）和 Mi-1 为 ATP 结合蛋白，并且含有 ATP 酶（ATPase）活性（Cannon et al，2002）。另外，序列分析发现，NBS 结构域与一些真核生物细胞死亡效应因子（Eukaryotic cell death effectors）具有较高的同源性，如 Apaf-1 和 Ced4 等（Dangl and Jones，2001）。

在数量方面，全基因组序列扫描发现，拟南芥基因组内共含有 150-175 个编码 NBS-LRR 结构域的抗病基因（Meyers et al，2003）、水稻基因组中含有约 600 个（Goff et al，2002）、杨树中含有 398 个（Tuskan et al，2006）。与自然界中病原物种类数量众多相比，植物中的 *R* 基因数量很少，这说明植物体内少量的基因负责识别大量的、甚至全部的病原物，并能迅速启动植物抗病反应，这就要求一个抗病基因必须具备识别多种病原物效应分子的能力。目前，这种推断已在 RRM1 蛋白能识别两种同源的病原菌 Avr 蛋白的实验中得到证明（Grant et al，1995）。另外，在拟南芥基因组中，TIR-NBS-LRR 亚类抗病基因占该家族的 60%，而 CC-NBS-LRR 亚类仅占 40%，二者的比率约为 3：2（Dangl and Jones，2001），但目前对于这二者在数量上出现差异的原因尚未清楚。

序列比较分析发现，抗病基因的特异性主要取决于 LRR 区域。Michelmore and Meyer（1998）认为，LRR 结构域是多样化选择压力（Diversifying selection）的主要承受区域，经过一定时间的进化与选择后，LRR 区域的可溶性氨基酸残基会产生变异，重新获得对病原菌发生了突变的效应分子的特异性，进而实现抗病基因的新功能。近来有研究以多个抗病基因为基础，选择各基因不同结构域的核苷酸序列，构建结构域嵌合体（Domain chimaeras）抗病性基因，然后转化目标植物，获得转化植株，但对转化植株进行抗病试验后发现，嵌合基因不具有抗病功能（Dangl and Jones，2001），表明抗病基因各结构域在决定抗病基因的特异性上均发挥着作用，而且不可替换。另外，研究亚麻锈病 L 类抗病基因（Flax rust resistance genes）时发现，TIR 结构域是多样化选择压力的另一个承受区域，而且 TIR 区域与该类基因的 LRR 结构域共同进化，逐渐实现对病原菌新特异性的重新识别（Luke et al，2000）。产生新特异性的进化机制主要为非均等重组（Unequal recombination）、基因转换（Gene conversion）和早期重复基因家族（Anciently duplicated gene families）成员内氨基酸变异的积累（Pan et al，2000；Ellis et al，2000；Bergelson et al，2001；Kuang et al，2004；Meyers et al，1999 和 2003）。

1.1.3 抗病 R 蛋白与无毒 Avr 蛋白的相互作用

关于 R 蛋白与 Avr 蛋白的相互作用方式先后出现两种假说。最初，在研究番茄抗病蛋白 Pto 与病原菌 *Pseudomonas syringae* 无毒蛋白 AvrPto 相互关系时，发现二者之间存在直接相互作用

（Scofield et al，1996；Tang et al，1996），人们据此推测，R 蛋白与 Avr 蛋白的相互作用是以受体-配体模式（Receptor-ligand model）进行的，其抗病作用机制可能为 Pto 蛋白直接与 AvrPto 蛋白结合后，通过磷酸化作用启动下游的级联反应，最终实现抗病反应（Tang et al，1996），这种假说的间接证据是 Pto 为丝氨酸/苏氨酸蛋白激酶（STK）类抗病蛋白。同时，在研究抗病蛋白结构时发现，大部分 R 蛋白含有 LRR 结构域，其作用主要是参与蛋白相互作用，而且 LRR 结构域与无毒蛋白之间存在直接相互作用，这已在水稻抗病蛋白 Pita 与病原 *Magnaporthe grisea* 无毒蛋白 AvrPita 的相互作用研究中得到证实（Jia et al，2000）。上述这些发现虽可为该假说提供了证据，但进一步研究发现，Pto 蛋白识别并启动抗病反应当中，除了需要 AvrPto 蛋白外，还需要第 3 个蛋白 Prf 的作用（Van der Biezen and Jones，1998a 和 1998b），由此人们提出了第 2 种假说，即保卫蛋白模式（Guard model；Dangl and Jones，2001）。该假说认为，宿主细胞内存在卫士（Guardee）蛋白，当它与病原菌侵染过程中释放的 Avr 蛋白结合后，会被修饰（Modified）或发生构象改变（Conformational change），此时的卫士蛋白很容易被抗病 R 蛋白识别，从而启动下游的抗病防御反应。目前，已有大量实验为该假说提供了证据。例如酵母双杂交与免疫共沉淀实验证实，拟南芥中 RIN4 蛋白能与病原菌 *P. syringae* 无毒蛋白 AvrB、AvrRpm1 发生相互作用，而且细胞内高效表达的 AvrB、AvrRpm1 能促进 RIN4 磷酸化，RIN4 同时还可以与相应的 AvrB、AvrRpm1 的抗病蛋白 RPM1 发生相互作用。随后有研究发现，无毒蛋白 AvrRpt2 可诱导 RIN4 在细胞内的消除，而且 RIN4 可与 AvrRpt2 相应的抗病蛋白 RPS2 发生相互作用。也就是说，RIN4 的作用目标可能为 3 个无毒蛋白，且至少与两个相应的抗病蛋白相结合，因此 RIN4 被推测为拟南芥中的卫士蛋白（Mackey et al，2002；Axtell and Staskawicz，2003，Machey et al，2003）。

1.1.4 抗病 R 蛋白介导的抗病防御反应

病原物侵染宿主细胞后，释放无毒蛋白（Avr）或诱导因子（Effector），激活植物抗病 R 蛋白，实现宿主植物对病原物的识别。此时，植物会迅速启动抗病基因下游的级联反应，实现抗病信号局部和远距离传导，直至完成局部的抗病反应（如 HR）和整株植物的系统获得性抗性（Systemic acquired resistance，SAR；He 2000）。因此，植物 *R* 基因介导的抗病反应涉及一个复杂的抗病信号传导网络，包括一系列的生理、生化和分子水平的变化。

过敏性反应（HR）的典型特征包括细胞死亡、抗菌成分的产生、细胞壁加固以及病程相关基因（Pathogenesis-related，PR）的激活（Grant and Mansfield，1999）。HR 还与一些诱导反应相关，如离子内渗（Ion influx）、细胞外空间的碱性化（Alkalinization of extracellular spaces）、活性氧（Reactive oxygen intermediates，ROI）的累积（主要是 O_2^-或 H_2O_2）、活性氮（Reactive nitrogen intermediates，RNI）的累积（如 NO）以及转录水平的调控（Transcriptional reprogramming）等（Lamb and Dixon 1997；He 2001；Veronese et al，2003）。由于过敏性或诱导反应能促进许多抗菌物质的产生，因此这些反应及其产生的物质被普遍认为可能参与宿主的保护（Veronese et al，2003）。另外，研究发现，ROI 和 RNI 本身具有毒性强、能直接杀死病原菌、保护植物免受病原菌的侵袭、参与感病细胞和周围细胞的基因转录调控、以及诱导产生一系列的防御反应等特点；而防御反应主要涉及信号传导中间分子如水杨酸（SA）、乙烯（Ethylene，ET）和茉莉酸（Jasmonic acid，JA）等合成，细胞程序性死亡（HR 反应），抗菌化合物如植物抗菌毒素（Phytoalexins）的合成，细胞壁的加固，下游防卫基因的诱导表达及抗菌蛋白的产生（Dangl and Jones，2001；Veronese et al，2003）。目前许多研究已证实，H_2O_2 具有直接杀死病原微生物（Microbes）、促进植物细胞壁的加固、加速脂类过氧化物（Lipid peroxide）和水杨酸（Salicylic acid，SA）的合成等防御功能。此外，H_2O_2 还能参与抗病信号传导的级联反应，如 HR 的诱导反应、病程相关蛋白和植物抗毒素（Phytoalexins）的合成（Lamb and Dixon 1997；He，2001；Concetta de Pinto et al，2002；Shadle et al，2003）。新近，Hu et al（2003）报道，草酸盐氧化酶（Oxalate oxidase，OXO）是 H_2O_2 合成的关键基因，而过量表达 OXO 基因能激发向日葵的抗病防御反应，这进一步证明 H_2O_2 具有抗病防御功能。

1.1.5 抗病 R 蛋白介导的抗病信号传导

植物抗病 R 蛋白能识别病原物 Avr 携带的病原信号，通过上述信号分子（如 NO、H_2O_2）、系统信号分子（如 SA、JA 和 ET）放大和传导感病信号，诱导许多防卫相关基因的表达，促进新陈代谢的加强，最终导致局部的抗病反应和植物感病部位远端的系统防卫反应（Systemic defense responses，SDR）或系统获得性抗性（Systemic acquired resistance，SAR）（He，2001）。因此，上述相关分子在植物抵抗病原物侵袭的防卫反应中发挥着重要作用，是诱导植物系统获得性抗性（SAR）的重要移动信号分子。

大量研究表明，植物一般诱导因子介导的防卫反应（Basal elicitor-mediated defense responses）和特异诱导反应（Race-specific *R* gene mediated defense response）的下游信号传导事件十分相似，甚至相互重叠（Dangl and Jones，2001；Veronese et al，2003）。二者最根本的区别在于，*R* 基因介导的特异诱导反应能更迅速、更有效地启动下游防卫反应（McDowell and Dangl，2000）。

目前研究发现，拟南芥 NBS-LRR 类 *R* 基因介导的传导途径主要有 3 条。第 1 条途径涉及的基因主要是 TIR-NBS-LRR 类抗病基因（如 RPP1 和 RPP5 等），它们需要 EDS1（Enhanced disease susceptibility）基因和 PAD4（Phytoalexin deficient）基因共同作用，才能实现完全抗病功能；第 2 条途径涉及的基因主要是一部分 CC-NBS-LRR 类抗病基因（如 RPM1 和 RPS2 基因等），该类基因需要通过 NDR1（Non-race-specific disease resistance）基因和 PBS2 基因（avrPphB 感病系号 2）协同作用而实现完全抗病功能；第 3 条途径涉及剩余的 CC-NBS-LRR 基因（如 RPP7、RPP8 和 RPP13 基因），但它们的功能发挥不需要 EDS1、PAD4、NDR1 和 PBS2 基因的作用（Aarts et al，1998；Feys and Parker，2000；McDowell et al，2000；Bittner-Eddy and Beynon，2001；Glazebrook，2001；Dodds and Schwechheimer，2002；Peart et al，2002）。

综上所述，植物抗病 *R* 基因在植物抗病反应中发挥着关键作用。它能特异识别病原物效应分子，启动抗病信号传导，并诱导植物体内抗病基因下游的防卫级联反应，进而实现局部抗病反应和远距离抗病反应。因此，开展植物抗病基因克隆，并分析它们的结构、表达与功能对于植物抗病研究具有重要的理论与实际意义。

1.2 杨树叶锈病抗病分子标记与抗病基因研究概况

与模式植物相比，杨树抗病研究还处于起步阶段。由于叶锈病对杨树的危害十分严重，且为强致病性病原菌，易与杨树相互作用，形成适于抗病研究的杨树—病原物系统，已是目前研究最为广泛、深入的杨树病害（Cevera et al，2001）。近年来，针对不同的叶锈病种类，筛选得到一些抗病杨树资源，进行了抗病育种研究，建立了一些适于抗病基因研究的杨树—叶锈病系统以及遗传连锁图谱，并对许多抗病数量性状（Quantitative trait loci，QTL）和质量性状进行定位（Qualitative trait loci）；另外，利用生物信息学方法和杨树基因组序列，已从一些抗病基因位点中克隆获得多个抗病候选基因（Lescot et al，2004；Yin et al，2004；张谦等，2005；Tuskan et al，2006）。

1.2.1 杨树叶锈病

叶锈病（Leaf rust）是由担子菌亚门，冬孢菌纲、锈菌目、锈菌科、栅锈菌属（*Melampsora*）的多孢子锈菌侵染引起的病害。它侵染正常芽展出的叶片后，能使叶片正反两面产生散生的黄色粉堆，即病菌的夏孢子堆。叶锈病能严重降低叶片的光合作用效率，使叶片提早脱落甚至枯死，影响杨树的生长速度，降低木材生产量，增加杨树冬季受损伤和感染其他病害的几率，给杨树生产造成巨大经济损失（周仲铭，2000；Dowkiw et al，2003）。另外，杨树叶锈病危害程度与死亡率紧密正相关，不过锈病危害程度随侵染时间、无性系抗病能力、栽培位点及当地气候条件的不同而存一些差异。叶锈病已成为杨树栽培区分布最广泛、发生最频繁、危害最严重的病害之一（Newcombe et al，1994；Pei et al，2003）。就病原菌而言，国外主要有5类*Melampsora*锈菌病原真菌：松杨栅锈菌（*M. larici-populina* Kleb.）、*M. allii-populina* Kleb.、*M. medusae* Thuem.、*M. occidentalis* Jacks.和杂合菌*M.×columbiana*，它们主要危害青杨派（Section Tacamahaca）和黑杨派（Section Aigeiros）树种（Ziller，1965；Hsiang et al，1985；Picot and Teissier du Cros，1993a和1993b；Newcombe et al，1994；Villar et al，1996；Newcombe et al，1996；Stirling et al，2001）。而我国的病原菌主要是马格栅锈菌（*M. magnusiana* Wagner），它主要危害白杨派树种，如毛白杨（*P. tomentosa*）、新疆杨（*P. bolleana* Lauche）、河北杨（*P. hopeiensis* Hu et Chou）、山杨（*P. davidiana* Dode）、银白杨（*P. alba* L.）等（周仲铭，2000）。

寄主抗性（Host resistance）具有经济、高效、环保等优点，是控制植物病害方法中的理想措施，已被广泛应用于杨树叶锈病抗病选育研究（Prakash and Heather，1989）。目前，在北美、欧洲、澳大利亚和新西兰等地区，科学家开展了广泛的杨树抗病选育以及新的抗病遗传资源的引入等研究，以期拓宽生长性状优良的杨树的遗传背景（Cervera et al，2001，Stirling et al，2001）。

常规育种存在抗病遗传资源有限、选择效率较低以及育种周期长等缺陷，而基因工程具有直接、快速、高效等优势，同时，所培育的抗病新品种具有持久抗病性。因此，基因工程技术已成为树木抗病育种研究新的有效途径（Yin et al，2004）。另外，分子标记（Molecular markers）可为遗传连锁图谱（Genetic linkage map）的构建、抗病基因的图位克隆以及分子辅助育种（Marker-assisted selection）提供了有利保障。近年来，为了通过图位克隆的方法克隆有效的杨树抗病基因，各国都在积极建立合适的杨树—叶锈病系统，寻找各类抗病遗传位点，甚至进行抗病遗传位点与全基因组测序（Cervera et al，1996 和 2001；Newcombe and Bradshaw，1996；Lefevre et al，1998；Stirling et al，2001；Zhang et al，2001；Lescot et al，2004；Yin et al，2004；Tuskan et al，2006）。目前仅有 *MER*（*Melampsora* resistance locus）和 *MXC*3（*M.×columbiana* resistance locus）两个叶锈病抗病遗传位点研究最为深入。

1.2.2 杨树抗 *M. larici-populina* 研究

由松杨栅锈菌 *M. larici-populina* 引起的叶锈病是欧洲中北部地区危害杨树最为严重的病害，可对杨树生产造成巨大的经济损失（Spiers，1990）。已报道，叶锈病对 6 年生杨树林造成的经济损失高达年生长量的 50%（Dowkiw et al，2003）。目前，已发现的该种病原菌生理小种（Races）有 5 个：E1、E2、E3、E4 和 E5，其中研究较为深入的为前 3 种。E1 主要发生在欧美杨 *P. euramericana* Robusta 中，E2 在欧美杨 *P.×euramericana* Ogy 中，而 E3 主要来自杂种杨[（*P. trichocarpa*×*P. deltoides*）×*P. deltoides*]无性系中（Spiers，1990；Cervera et al，1996）。近年来，松杨栅锈菌已传入到澳大利亚、新西兰（Spiers，1990）、美国（Pinon et al，1994；Newcombe et al，2000）、冰岛、智利（Dowkiw et al，

2003）和加拿大东部（Innes et al，2004）等地区。

1.2.2.1 杨树抗 *M. larici-populina* 育种研究

尽管大多数欧洲的杨树对松杨栅锈菌不具有抗性，但以法国国家农业研究所（French National Institute for Agronomic Research，INRA）为代表的欧洲树木育种学家已找到 1 个美洲黑杨（*P. deltoides*）母本 V5，它能够抵抗上述锈菌的前 3 个生理小种。他们利用上述抗病母本、毛果杨（*P. trichocarpa* Torr. & Gray）父本和欧洲黑杨（*P. nigra* L）父本 3 种杨树进行抗叶锈病杂交育种研究，获得了许多种间及种内杂交的子代，并从中筛选到一些能抵抗不同松杨栅锈菌生理小种的无性系，例如美洲黑杨与欧洲黑杨的杂交子代、美洲黑杨与毛果杨的杂交子代以及美洲黑杨的种内杂交子代等（Lefevre et al，1994 和 1998；Cervera et al，1996；Villar et al，1996）。

1.2.2.2 杨树抗 *M. larici-populina* 分子标记

在研究松杨栅锈菌抗病性时，发现存在质量性状和数量性状两类抗性。其中质量性状抗性表现为完全抗性，多由单基因或紧密连锁的基因簇（Gene cluster）控制（Picot and Teissier du Cros，1993a 和 1993b）；而数量性状抗性表现为部分抗病性，它一般由多基因组成的数量性状位点（QTL）控制，允许植物出现感病症状，但不同杂交子代的感病程度存在显著差异，（Thielges and Adams，1975；Lefevre et al，1994；Legionnet et al，1999；Dowkiw et al，2003）。

P. deltoides×*P. trichocarpa* 和 *P. deltoides*×*P. nigra* 的种间杂交 F_1 代的抗性分离具有病原菌生理小种特异性。与对应的种间杂交子代相比，它们的数量抗性水平明显偏低（Lefevre et al，1994 和 1998；Cervera et al，1996；Villar et al，1996）。选用抗病母本美洲黑杨和感病父本欧洲黑杨，进行 2×2 因素的交配设计（2×2

factorial mating design）实验发现，对 *M. larici-populina* 生理小种 E1 的完全抗性来自美洲黑杨 *P. deltoides*，而且抗性是受单基因控制的。Villar et al，（1996）运用混合分群分析（Bulked segregate analysis，BSA；Michelmore et al，1991）法，找到了一个与抗性位点紧密连锁的随机扩增多态性 DNA（Random amplified polymorphic DNA，RAPD）标记。Cervera et al，（1996）将该抗性位点命名为 *MER*（*Melampsora* resistance locus）位点，为了进一步研究该抗性位点，他们在获得了上述相同的杂交组合的基础上，运用扩增性片段长度多态性（Amplified fragment length polymorphism）标记方法和混合分群分析（BSA）法，并从 144 个引物组合筛选到 11500 个选择性扩增 DNA 片段，进而获得 3 个与 *MER* 位点紧密连锁的分子标记。同时，瑞典科学家 Lefevre et al，（1998）通过相同的杂交实验，也获得了 5 个杂交群体，并发现一些子代对 *M. larici-populina* 的 3 个生理小种的抗性具有完全共分离（Complete cosegregation）特性，这些完全抗性呈现出菌种特异性，且受单个基因簇控制，其中 1 个 RAPD 标记 OPM03/04 与所有家族中的这个抗性基因簇紧密连锁，而且遗传距离小于 1 cM（Centimorgan）。对生理小种 E1 和 E3 的完全抗性由 1 个具有多等位基因的遗传位点或 2 个紧密连锁的遗传位点控制，而对 E2 的完全抗性由另外 2 个紧密连锁的遗传位点控制（Lefevre et al，1998）。此外，在上述同一基因簇中，还检测到一个抗 E2 的数量抗性主位点，该位点控制着 E2 与 *P. deltoides*×*P. trichocarpa* 种间杂交子代的非亲和抗病性，表明基因组内的这个抗性位点包含一系列质量抗性与数量抗性相关基因（Lefevre et al，1998）。

近年来，为了获得更多的质量抗性位点和数量抗性位点，法国国家农业研究所（INRA）对 *P. deltoides*×*P. trichocarpa* 杂交 F_1 代进行了抗 *M. larici-populina* 叶锈病的遗传分析。统计分析发现，对 *M. larici-populina* 叶锈病的质量抗性和数量抗性存在一定的相关性。用 3 个 *M. larici-populina* 生理小种对 284 个 F_1 代基因型个体进行活体接种试验，共发现 9 个数量性状抗性（QTL）位点，其中 2 个因子在实验室内具有很强的遗传效应，可以解释对叶锈病数量抗性的大部分变量（Dowkiw et al，2003；Dowkiw and Bastien，2004），另外 7 个 QTL 位点的作用则十分有限，而且具有显著的菌种生理小种特异性（Jorge et al，2005；Faivre-Rampant et al，2006）。进一步分析发现，第 1 个因子强效因子来自美洲黑杨，它与退化的质量抗性基因（Defeated qualitative resistance gene）R_1 紧密相关；另 1 个则是来自毛果杨的 R_{us} 因子，它能明显降低叶片上的锈菌菌落数，虽与 R_1 因子在基因组内处于相同的位置，但它发挥作用与 R_1 因子是否存在无关（Dowkiw and Bastien，2004）。与之相反，R_1 因子只有在 R_{us} 因子缺失时才能发挥作用（Dowkiw and Bastien，2004），而且 R_1 因子在 F_1 代中呈现 1：1 的分离比率，对参与测试的其中 4 个生理小种均具有作用（Jorge et al，2005）。但进一步分析发现，这 2 个因子控制的遗传效应也具有明显的锈菌生理小种特异性，因而它们对杨树的持久性抗病性的贡献将十分有限。另外，该研究小组在分析质量抗性与数量抗性的相互关系时发现，退化的质量抗性对数量抗性的平均水平和遗传变量具有明显的影响，即质量抗性在退化的同时数量抗性的水平也在降低（Dowkiw and Bastien，2007）。

1.2.2.3 杨树抗 *M. larici-populina* 的基因克隆

为了分离 *M. larici-populina* 锈菌 3 个生理小种的质量抗性基因，Zhang et al，（2001）在前期研究的基础上，以抗性美洲黑杨（*P. deltoides* ‘S9-2’）为母本，通过杂交获得 512 个三交子代，在运用 AFLP 分子标记方法提高 *MER* 位点的遗传标记密度的基础上，将 *MER* 位点缩小到 3.4 cM 的范围内，并通过 BSA 分析从中筛选到 11 个紧密连锁的 AFLP 标记和 17 个重组子（Recombinants）。*MER* 位点紧密连锁的分子标记序列分析结果发现，AFLP 标记与 NBS-LRR 型抗病基因高度同源，表明 *MER* 位点富含 NBS-LRR 类抗病基因。为了克隆叶锈病抗病基因，Lescot et al，（2004）将 *MER* 位点周围 0.6 cM 区域的 95 kb 基因组序列进行完全测序，并运用生物信息学方法进行基因预测分析，共检测到 3 个 TIR-NBS-LRR 类抗病候选基因 60I2G01、60I2G11 和 60I2G13，它们与其它植物的同类基因高度同源，其中 60I2G11 和 60I2G13 基因的 N 端可编码核定位信号肽（Nuclear localization signal），但进一步分析发现，60I2G01 基因为缺失一段编码序列的删节基因（Truncated gene），60I2G13 基因已被转座子破坏，而仅有 60I2G11 为完整的编码基因。

1.2.3 杨树抗 *M. medusae* 和 *M. occidentalis* 及其杂合菌研究

20 世纪 80 年代以前，*M. medusae* Thum 是北美杨树叶锈病的主要病原菌，它主要危害美洲黑杨 *P. deltoides* 和 *P. tremuloides* Michx，而不危害毛果杨 *P. trichocarpa*（Ziller 1965 和 1974），但目前以传入阿根廷、澳大利亚、非洲和美国，并成为美国中北部地区危害毛果杨的主要病原菌（Steimel et al，2005）。另外，*M. occidentalis* Jacks 主要发生在北美西部，它主要侵染毛果杨 *P. trichccarpa* 和 *P. balsamifera* L.。近年来研究发现，在杨树叶片的混合侵染中，*M. medusae* Thuem.能与 *M. larici-populina* 和 M. occidentalis 杂交，而且所产生的杂交菌，其形态（Morphology）、生理（Physiology）和超微结构（Ultrastructure）均能显现双亲特征，分别被命名为 *M. medusae-populina* sp. Nov 和 *M.×columbiana*（Spiers and Hopcroft，1994；Newcombe et al，2000）。

尽管有报道指出，锈菌杂种 *M. medusae-populina* 不能在新西兰的 *Latrix decidua* 或杨树上越冬，但 1991 年它还是导致了新西兰北部地区抗病杨树无性系的大规模发病，而且还一直存活到至今（Spiers and Hopcroft，1994）。对于北美的杂交菌 *M.×columbiana*，形态观察和 ITS 序列分析表明，F_1 代已经成功

的繁衍了 F_2 代或回交子代（Backcross progeny）（Newcombe et al，2000）。1997 年的一次调查发现，*M.×columbiana* 已成为危害美国太平洋西北部地区杨树的唯一叶锈病病原菌（Newcombe et al，2000），其中主要的致病型（Pathotype）病原菌有 3 种，这些致病型的发现对于研究病原菌的进化和变异具有重要的意义（Brasier，2000）。

1.2.3.1 杨树抗 *M. medusae* 和 *M. occidentalis* 及其杂合菌育种研究

与松杨锈菌的抗病育种研究相似，杨树育种学家常利用种间杂交育种甚至派间（Intersectional）杂交育种，获得杂交子代，从中筛选抗病性能良好的无性系，以备推广应用（综述见 Pinon 1992）。在美国太平洋西北部地区的杨树杂交育种主要由华盛顿大学和华盛顿州立大学的科学家进行，它们主要选择当地特有的毛果杨 *P. trichocarpa* Torr. & Gray 与非当地特有的美洲黑杨 *P. deltoides* Bartr 进行人工杂交，获得杂交子代，从中筛选抗病无性系。后来，他们在育种中又引入了第 3 种杨树，即特异分布在日本、朝鲜半岛和西伯利亚东部的杨树 *P. maximowiczii* Henry（Hsiang et al，1985、1993a 和 1993b）。

1.2.3.2 杨树抗 *M. medusae* 和 *M. occidentalis* 及其杂合菌分子标记

为了研究 *M. occidentalis* 叶锈病抗病遗传机制，Hsiang et al，（1993a 和 1993b）分别选择毛果杨 *P. trichocarpa*（T）、*P. maximowiczii*（M）和杂种杨 *P. trichocarpa*×*P. deltoides*（T×D），进行杂交育种，获得了许多子代，并对子代进行 *M. occidentalis* 田间接种试验，结果发现，杂交子代的感病程度差异明显，表明 *M. occidentalis* 叶锈病的抗性受数量抗性控制。但有关 *M. occidentalis* 叶锈病的抗病研究后来一直未见有报道。

对于 *M. medusase* 叶锈病的研究，澳大利亚科学家早期就发现 *M. medusase* 叶锈病存在数量抗性和质量抗性（Prakash and

Heather 1986、1987 和 1989）。通过对 *P.deltoides* 种内杂交 F_1 代进行 6 种 *M. medusae* 锈菌的抗病接种试验后发现，不同无性系呈现出显性遗传（Dominant）、隐性遗传（Recessive）、数量遗传或加性效应（Additive）等不同的抗病遗传特征，抗病性受单个基因控制、或受以互补或重复模式作用的两个基因控制，而且抗病性随病原菌生理小种不同而有所差异（Prakash and Heather，1986）。然而，两年后的田间观测发现，这些抗病杂交子代均变成了感病品种；为了继续研究它们的数量抗病性，用 *M. medusae* 的 2 个生理小种进行抗病接种试验，结果发现，3 个抗病性状受多基因控制（Prakash and Heather，1989）。Tabor et al，（1998）对 *P. deltoides*（C9425DD 家系）的种内杂交子代进行抗病遗传分析，发现它们对许多 *M. medusae* 的生理小种呈现出 1∶1 的分离比率，并找到了一个抗病遗传位点 *Lrd*1。运用 BSA 分析法，从 116 个子代中检测到 2 个 RAPD 标记（$OPG10_{340}$ 和 $OPZ19_{1800}$），它们与 *Lrd*1 基因紧密连锁，与该基因的遗传距离分别为 2.6 cM 和 7.4 cM（Tabor et al，2000）。

在美国，*M. medusase* 叶锈病的研究主要以毛果杨的杂交子代为材料。Newcombe et al，（1996）选用包括回交和 F_2 代在内的三代 *P. trichocarpa*×*P. deltoides*（T×D）杂交杨家系，研究 *M. medusase* 叶锈病的抗性遗传机制，结果发现了 1 个来自毛果杨的显性基因，*Mmd*1，它控制着叶片坏死斑（Necrotic flecking）的形成。并将该基因定位在距离 1 个限制性片段长度多态性（Restriction fragment length polymorphism，RFLP）标记 P222 约 5 cM 的连锁群 Q 上。尽管一些 F_2 代个体在早期表现出完全抗性，但后来的田间试验发现，大多数无性系的叶片上出现了锈孢子堆与坏死斑并存的显性，这些不完全抗性无性系的 *Mmd*1 基因位点的显性等位基因与一些发病症状的减轻显著相关，如锈孢子密度（Uredinial density，UD）、发病潜伏期（Latent period，LP）、发病率（Disease incidence，DI）和感染率（Infection efficiency，IE），而且这些感病表型的无性系具有较高的平均遗传力，表明 *M. medusase* 叶锈病的抗性除了受 *Mmd*1 基因控制外，其它的数量抗性基因也发挥着重要作用，而且两种类型的抗性基因紧密相关（Newcombe，1998）。

近年来，随着杂交菌 *M.×columbiana* 的出现，美国科学家更多的把研究重点放到了对它的研究上。目前已发现的 *M.×columbiana* 锈菌生理小种有 3 个，分别是 *Mxc*1，*Mxc*2 和 *Mxc*3（Newcombe et al，2000 和 2001）。采用上述相同的三代家系，进行了 3 种病原菌生理小种的接种试验，结合遗传分析，将 *Mxc*3 的抗病基因定位到与 *Mmd*1 基因相同的位置（连锁群 Q），而 Mxc1 和 Mxc2 的抗病基因都定位在了连锁群 O 上。与 *Mmd*1 基因和 *MXC*3 基因不同是，*MXC*1 基因和 *MXC*2 基因来自美洲黑杨而不是毛果杨；与前 2 个基因相同的是，*Mmd*1 基因和 *MXC*3 基因与数量抗性性状 UD 和 LP 紧密相关（Newcombe et al，2001）。另外，美国杨树分子遗传公司（Poplar Molecular Genetics Cooperative，PMGC）在抗病育种研究中发现了 *P. trichocarpa*×*P. deltoides* 杂交组合的 1 个 F_1 代家系，它们对 Mxc3 病原菌的抗病与感病比率为 1∶1，表明它们对 Mxc3 的抗病性为质量抗性，且受单基因控制，因而将其命名为 *MXC*3 基因（Stirling et al，2001）。为了克隆 *MXC*3 基因，Stirling et al，(2001) 对上述家系继续进行分析，通过 AFLP 分子标记建立高密度连锁图谱，达到饱和 *MXC*3 基因位点的目的，进而筛选到 *MXC*3 基因附近 2.73cM 区域内 19 个 AFLP 标记，其中 7 个 AFLP 标记与 *MXC*3 共分离。同时，将其中一个共分离 AFLP 标记（CCG.GCT_01）成功地转化成 STS 标记（*BVS*1），并用它筛选得到一个包含 *MXC*3 基因的 BAC（Bacterial artificial cotig）克隆（Stirling et al，2001）。

1.2.3.3 杨树抗 *M.×columbiana* 的基因克隆

Yin 等，(2004) 将杂种母本无性系 52-225（*P. trichocarpa*，

93-968×*P. deltoides*，ILL-101）和美洲黑杨父本无性系 D109（*P. deltoides*）杂交，获得了家系 13（Family 13），并采用双向假测交策略（Two-way pseudo-test-cross strategy）构建 *MXC*3 基因在毛果杨基因组上的高密度复合遗传图谱（High-density comprehensive genetic map），进而将 *MXC*3 基因及其紧密连锁的 4 个 STS 标记（Sequence-tagged site）定位在连锁群 IV 上 2.3cM 的范围内。通过对 *MXC*3 基因附近 40cM 范围内 6.65Mb 长的基因组序列进行分析，共检测得到 6 个抗病候选基因，其核苷酸序列与其他植物抗病基因序列具有很高的同源性，但与 *MER* 位点附近的抗病候选基因不同，且均不是 NBS-LRR 类抗病候选基因。其中有 3 个基因属于第 5 类抗病基因，所编码的蛋白均包含 1 个 STK 结构域、1 个跨膜结构域和 1 个 LRR 结构域。另外，有 1 个基因与第 4 类抗病基因具有高度同源性，其编码蛋白含有 1 个跨膜结构域和 1 个 LRR 结构域（Yin et al，2004）。

1.2.4 存在问题

过敏性反应（HR）在植物群体中容易被发现，而且它们通常受单基因或紧密连锁的单个遗传位点控制，因此这种抗病遗传资源容易被引入抗病育种程序中。然而，在群体水平上，这种完全抗病性（Complete resistance）还存在诸多不足（Prakash and Heather，1986）。其中最明显的一点是，它容易被病原菌通过简单的遗传突变所克服，从而使得宿主植物由抗病转变为感病（Prakash and Heather，1989）。相反，运用部分抗病性（Partial resistance）或数量性状抗病性（Quantitative resistance）更能稳定、持久、高效地保持对病原菌的抗性，这主要是由于部分抗性或数量抗性不具有病原菌种属特异性（Race-non-specific），它允许病原菌缓慢增长，因而不对病原菌种群形成巨大的选择压力，有利于保持一种稳定或持久的抗病性（Stable or durable resistance）（Dowkiw and Bastien，2007）。

许多研究报道，新的病原菌生理小种的产生使得原先抗病的杨树无性系不再具有抗病性（Pinon et al，1987；Newcombe and Chastagner，1993a 和 1993b；Pinon and Frey，1997；Lefevre et al，1998）。早在 19 世纪 80 年代，随着 *M. larici-populina* 生理小种 E1 和 E2 的出现，原先对松杨栅锈菌具有抗病性的杂交子代无性系也出现了发病症状（Pinon et al，1987）。1986 年，意大利检测到能使得许多美洲黑杨的杂交子代失去抗松杨栅锈菌能力的生理小种 E3（Pei et al，2003）。尽管在测定林里，杨树无性系的质量抗性可保持 10～15 年，但商业推广 5 年后，由于新的病原菌生理小种的出现而变成感病无性系（Pinon and Frey，1997；Lefevre et al，1998）。另外，Dowkiw et al，（2003）报道，*P. deltoides*×*P. trichocarpa* 子代无性系对 *M. larici-populina* strain 93ID6 具有完全抗性，而对新产生的 *M. larici-populina* strain 93CV1 却表现出部分抗性或数量抗性，说明同一杨树无性系对不同的生理小种可表现出不同的抗病性。目前，有关生理小种产生的因素有 4 方面：1）病原菌在松树上必须经过有性生殖阶段促进菌种的变异；2）病原菌锈孢子可借助空气进行长距离转移；3）锈菌孢子在杨树叶片上扩增繁殖时间较长（可达数月）；4）杨树栽培林多采用单一抗病无性系，可给病原菌造成高强度的选择压力，致使遗传背景或多样性狭窄的杨树林因病原菌突变而易感病（Dowkiw et al，2003）。

鉴于树木生长周期长，常遭受大规模迁移的病原菌的侵袭，甚至多种病原菌的混合侵袭，更需要持久抗病性，育种学家更倾向于培育受多基因控制的杨树抗病新品种，栽培时采用混交林（Mixed forest）等形式，并尽量增加杨树林的遗传背景或遗传多样性，以保证它们的抗病性更为持久。因此，在抗病育种中，选择部分抗性作为育种目标，已成为获得完全抗性的有效替代方法（Johnson，1984）。

分子标记能促进优良无性系的筛选，虽然已找到许多与杨树

叶锈病抗病 *R* 基因紧密连锁或共分离的标记，甚至发现了许多抗病候选基因（Lescot et al，2004；Yin et al，2004；Tuskan et al，2006），但目前还没有分离出功能已知的杨树抗病基因，也尚未对抗病候选基因进行功能鉴定，甚至不清楚这些抗病候选基因的表达特性（张谦等，2005）。因此，为了提高抗病育种效率，在进一步检测杨树抗病分子标记以及正确合理利用目前已找到的抗病分子标记的同时，有必要结合分子标记辅助育种（Marker assisted selection），从运用图位克隆等技术分离杨树抗病基因入手，分析它们的表达特性，研究它们的生物学功能及作用方式，这必将成为杨树抗病基因近期的研究热点，也是杨树功能基因组研究的重要组成部分。

杨树抗病资源相对较少，在自然界中常遭受多种病害或同种病害的多个生理小种混合侵袭，使得抗病性多为数量抗性，且变异速度快，因此很难找到符合基因对基因假说的植病系统。此外，杨树发病受环境影响较大，同种植病系统即使在田间与人工控制条件下，其发病程度也有所不同，这势必加大杨树抗病基因研究的难度。另外，由于杨树叶锈病病原菌种类繁多，为了便于抗病研究，有必要对各类病原物及其生理小种进行分离、纯化与保存，同时开展各类病原物及其生理小种与寄主特异性分析，寻找并建立合适的杨树—病原物系统，为将来的相关研究奠定基础。

1.3 研究思路与技术路线

以先前筛选所得的生长性状优良且抗逆性强的 28 个毛白杨杂种无性系为试材，通过毛白杨锈病活体接种试验，筛选获得强抗病无性系；以此为材料，运用 PCR 方法克隆毛白杨 NBS 型抗病基因同源序列，分析这些基因的进化关系与表达模式；利用生物信息学方法筛选杨树叶锈病抗性相关的毛白杨 RGA，并通过 RACE-PCR 分析克隆叶锈病抗性相关基因的全长 cDNA 序列，分析基因的表达规律。在此基础上，构建抗病相关基因的原核表达载体、RNA 干扰载体和正义表达载体，进行原核表达以及烟草和杨树遗传转化研究，获得转基因植株，进行分子检测与抗病性试验，分析抗病相关基因的功能与可能的作用机制。此外，运用生物信息学方法，克隆毛白杨 RGA 在毛果杨基因组内的抗病基因同源序列，研究这些基因的结构特点与进化关系，分析这些基因在毛白杨各组织器官中的表达模式以及受多种生物和非生物诱导胁迫后的表达响应。上述这些研究可为今后的毛白杨抗病研究奠定坚实的基础，并可为相关研究提供科学的借鉴。

研究的技术路线如图 1-2 所示。

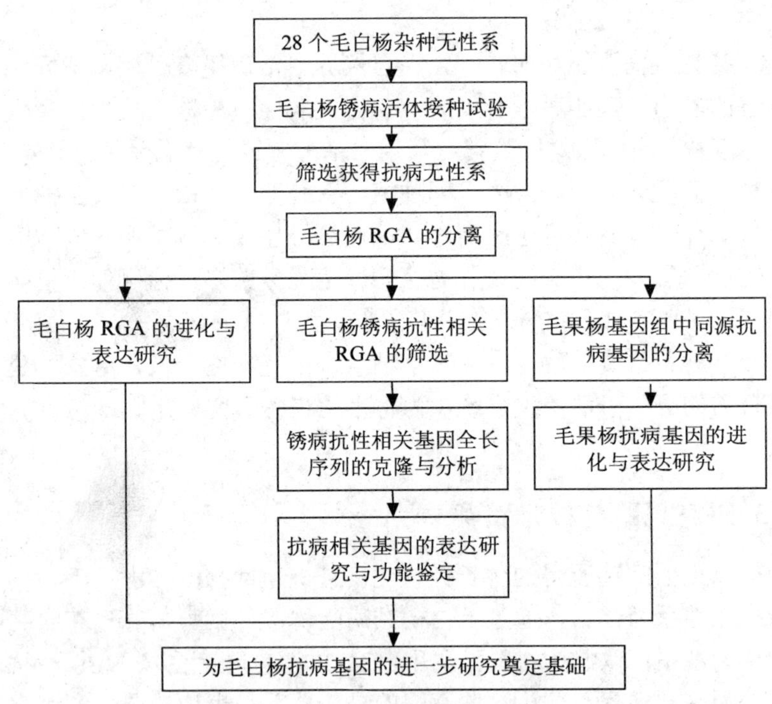

图 1-2　本研究的技术路线

Fig. 1-2　Technological route in this study

2 毛白杨抗病基因同源序列的克隆与分析

毛白杨（*Populus tomentosa* Carr.）是我国特有的白杨派（Section Leuce）乡土树种，广泛用于城市园林绿化和植树造林（Zhu and Zhang，1997）。然而，毛白杨也常受到多种病害的侵袭，如毛白杨锈病、溃疡病、腐烂病等（周仲铭 2000）。这些病害严重影响着毛白杨的生长发育，甚至威胁它们的生存，已给杨树生产造成巨大的损失。可是，毛白杨抗病研究至今鲜有报道，大大落后于国外青杨派（Section Tacamahaca）、黑杨派（Section Aigeiros）树种的抗病研究。目前，国外已培育了一批青杨派和黑杨派树种抗病杂交种，从中检测到了大量的抗病基因位点，筛选了许多与抗病基因紧密连锁或共分离的抗病分子标记，从抗病基因位点和基因组序列中克隆了一大批抗病候选基因（Lescot et al，2004；Yin et al，2004；Tuskan et al，2006）。因此，开展和加强我国特有的毛白杨抗病研究具有重要意义。

近年来的研究发现，NBS-LRR 编码基因是抗病基因中的最大家族，约占全部抗病基因的 75%，这些抗病基因的作用对象囊括所有病原物：病毒、细菌、真菌、线虫甚至昆虫（Hulbert et al，2001；He et al，2004）。另外，NBS-LRR 编码基因在植物基因组内数量众多，全基因组扫描发现，拟南芥中约有 150～175 个（Meyers et al，2003），水稻中约有 600 个（Goff et al，2002），杨树中也发现了 398 个（Tuskan et al，2006）。

尽管NBS-LRR编码基因的序列变异较大，但编码蛋白的NBS结构域却十分保守，这可为简并引物的设计以及利用 PCR 扩增技术快速克隆抗病基因同源序列（Resistance gene analog，RGA）

奠定基础（Cannon et al，2002）。近年来，运用这种方法已经从马铃薯（Leister et al，1996）、大豆（Kanazin et al，1996；Yu et al，1996）、莴苣（Shen et al，1998）、番茄（Ohmori et al，1998；Pan et al，2000）、水稻（Leister et al，1998；Mago et al，1999）、大麦（Seah et al，2000）、鹰嘴豆（Huettel et al，2002）、*Medicago truncatula*（Zhu et al，2002）、*Lens*（Yaish et al，2004）、多倍体棉花（He et al，2004）等农作物，以及柑桔（Deng et al，2000）、咖啡树（Noir et al，2001）、可可树（Kuhn et al，2003）和西部白松（Liu and Ekramoddoullah，2003）等树木中克隆得到大量的RGA，这些研究为毛白杨抗病基因同源序列的克隆提供重要的理论基础和借鉴。

同时，许多研究发现，来源于相同或不同植物的 NBS 结构域在 DNA 序列上均高度同源（Yaish et al，2004；He et al，2004），表明抗病基因之间存在基因复制（Gene duplication）现象。众所周知，在一个基因家族中，基因复制的发生能促进基因组内基因间的转换（Gene conversion）和不均衡交换（Unequal crossing-over），实现 Paralog 同源基因间变异的重新分配，进而使得家族成员更为相似或多样化（Mondragon-Palomino and Gaut，2005）。在毛果杨（*P. trichocarpa*）中，已发现 10%的 NBS-LRR 类抗病基因与基因复制有关（Tuskan et al，2006）。此外，点突变（Point mutation）在抗病基因的进化过程中也发挥着重要的作用，尤其对于那些在多样化选择或正向选择（Diversifying selection or Positive selection）压力下的基因（Pan et al，2000；Ellis et al，2000）。引起点突变的遗传作用力可用异义突变与同义突变（nonysnonymous/synonymous substitution）的比值（$\omega = d_N/d_S$）来评估（Yang et al，2000；Graham et al，2002）。$\omega = 1$ 表示基因的突变没有定向选择性，为中性进化；$\omega > 1$ 则表示基因进化受到正向选择压力（Positive selection）作用；而$\omega < 1$ 则表示基因进化受到强烈的纯化选择压力（Purifying selection）作用

（Hughes and Nei，1988）。然而，基因转换和点突变对杨树抗病基因、尤其是毛白杨抗病基因进化的作用至今未见报道。

与模式植物抗病基因的表达研究相比（Graham et al，2002），目前林木相关的研究较为薄弱。尽管杨树 EST 数据库（Sterky et al，2004；http://www.populus.db.umu.se）中登录有许多抗病基因的 ETS 序列，但对它们的表达特性仍然知之甚少（Graham et al，2002；Lescot et al，2004），而毛白杨抗病基因的表达研究至今仍为空白。

在本研究中，以 28 个毛白杨杂种无性系为试材，开展毛白杨锈病活体接种试验，以筛选得到的强抗病无性系为材料，进行 NBS 类抗病基因同源序列的克隆。这些研究的主要目的在于：筛选获得毛白杨抗叶锈病无性系，为后续抗病基因的克隆做准备；从毛白杨杂种中分离大量的 RGA，可为将来的毛白杨抗病基因的克隆与功能鉴定奠定基础；分析毛白杨 RGA 的核苷酸多态性、进化关系、以及与毛果杨基因组序列的关系；以 RGA 为基础，运用 PCR 半定量技术与荧光定量 PCR 技术，研究抗病基因在三倍体毛白杨各组织器官中表达特性。

2.1 材料与方法

2.1.1 植物材料与叶锈病接种试验

试验材料为北京林业大学毛白杨研究所于 20 世纪 90 年代成功培育的 28 个毛白杨杂种无性系（Zhang et al，1992 和 1997）。毛白杨材料采用嫁接方法繁殖，砧木为小美旱[*Populus simonii*×（*Populus pyramidalis* + *Salix matsudana*）cv. *Poplaris*]，以栽种在塑料盆中的嫁接苗作为下面的研究对象。

当杨树嫁接苗生长至 10 片叶时，开展毛白杨锈病活体接种试验，以采自北京北郊小汤山苗圃自然发病的二倍体毛白杨叶片上的马格栅锈菌（*M. magnusiana* Wagner）为病原菌。采集发病叶片后，将叶片背面朝上置于培养皿中，用薄刀片将锈孢子刮下，转移至锈孢子悬浮液中，并在悬浮液中添加 0.05%葡萄糖和少量 Tween 20 以促进锈孢子萌发和扩散（沈瑞祥等，1979a）。搅拌锈孢子悬浮液，使其充分扩散。最后参考 Tabor et al，（2000）方法，用 40 倍显微镜将悬浮液的浓度确定为每个视野 20 个锈孢子。接种试验以全部 28 个毛白杨杂种无性系为试材，在顶端往下的第 3～5 片叶的正反两面用毛刷反复接种锈孢子悬浮液（Larson and Isebrands，1971），最后用塑料带套住接种叶片 48 h，塑料袋内放置湿棉球以保持叶片湿度，每个无性系重复接种 5 个单株。接种 6 d 后，定期调查统计叶片上的锈孢子密度（Uredinial density），参考 Woo and Newcombe，（2003）介绍的方法，将叶片感病程度分为 0～6 级共 7 个级别，0 级为叶片无锈孢子，1～6 级为叶片上覆盖着不等百分率面积的锈孢子，具体为 1 = 1%；2 = 5%；3= 15%；4 = 25%；5 = 40%；6= 60%。最终的锈病感病程度（Rust severity）定义为无性系 5 个单株上同一位置叶片感病等级的平均值。

2.1.2 基因组 DNA 的提取与 NBS 编码序列的克隆

以锈病活体接种试验筛选出的抗病三倍体毛白杨无性系 L9 为试材，其新鲜叶片基因组 DNA 提取的具体方法参考 Rogers and Bendich，（1985）。毛白杨 RGA 的克隆采用 PCR 方法，所需简并引物以 He et al，（2004）设计的引物为基础，在末端添加 4 个碱基。上游引物为 5’-GGNATGGGNGGNNNGGNAA（A/G）ACNAC-3’，下游引物为 5’-NAC（C/T）TTNAGNGCNAGNGGNAGNCC-3’。

PCR 反应采用 Zhang et al，（2005）的体系，其反应程序为：94℃预变性 5 min、94℃变性 30 s、53℃退火 40 s、72℃延伸 1 min、30 个循环，最后 72℃延伸 7 min。反应结束后，用 1.2%的琼脂糖凝胶电泳分离扩增产物。采用 Wizard Plus Minipreps DNA

Purification System 试剂盒（Promega）回收特异扩增产物，4℃连接过夜，克隆到 pGEM-T easy vector（Promega）载体，最后导入大肠杆菌 Top10 菌的感受态细胞中。以 Sp6 和 T7 为引物，通过 PCR 扩增方法筛选阳性克隆菌株，然后送样进行测序。测序由大连宝生生物技术有限公司完成，采用 3730 自动测序仪，荧光标记双脱氧终止法进行测序。

2.1.3 三倍体毛白杨 RGA 的序列分析

本研究获得三倍体毛白杨抗病基因同源序列后，将其全部登录在美国国家生物技术信息中心的 GenBank（National Center of Biotechnology Information，NCBI，Bethesda，MD.，U.S.A.）中，其基因登录号为：DQ018367、DQ018369 和 DQ324280-DQ324360。

以三倍体毛白杨 RGA 的核苷酸序列及其推定的氨基酸序列为探针，在 NCBI 库（http://www.ncbi.nlm.nih.gov/）和杨树 EST 库（http://www.populus.db.umu.se/）中分别进行 BLAST 比对分析，并通过高度同源序列预测三倍体毛白杨 RGA 可能的功能。同时，将三倍体毛白杨 RGA 的核苷酸序列在毛果杨（*P. trichocarpa*）基因组数据库（http://genome.jgi-psf.org/Poptr1/Poptr1.home.html）中进行 BLAST 比对分析，并搜索与三倍体毛白杨 RGA 高度同源的区域，从中截取匹配区上下 16 kb 的基因组序列，用 Genscan（Burge and Karlin 1997；http://genes.mit.edu/GENSCAN.html）软件进行功能基因预测；并从所预测的基因中，挑选编码区与匹配区域有重叠区域的基因。同时，将预测蛋白与 NCBI 和 Pfam（http://pfam.wustl.edu）库中的蛋白进行 BLAST 比对分析，从而推测其包含的结构域和潜在的功能。基因预测主要以来自拟南芥的同源氨基酸序列为基础。

进化树的构建（Phylogenetic construction）是以序列的多重比较（Multiple alignments）结果为基础，用 CLUSTAL X 软件（Thompson et al，1997）计算序列的 Neighbor-joining 进化树

（Saitou and Nei，1987），进化树的运算重复 100 次（100 bootstrap replicates），图形用 TREEVIEW 3.2 生成。所有的三倍体毛白杨 RGA 序列均参与 DNA 进化树的构建，蛋白质进化树的构建则包括 2 种来源的氨基酸序列，即具有完整编码框的 RGA 的推定氨基酸序列和 8 个其它植物功能已知的抗病基因 NBS 编码区的氨基酸序列，它们是 RPS2（At4g26090）、RPM1（At3g07040）、L6（Q40253）、Xal（O48647）、拟南芥 N（BAB11635）、Gro1-4（AY196151）以及烟草的 M（AAB47618）和 N（AAA50763）。

三倍体毛白杨 RGA 进化模式的检测采用最大似然法（Maximum likelihood），运行程序为 Phylogenetic Analysis by Maximum Likelihood（PAML）软件包中的 codeml（Yang 1997；Yang et al，2000；Mondragon-Palomino et al，2002；Gerrard and Filatov，2005），运行模式包括全部 13 种。此算法可检测基因中每个编码子（Codon）的异义突变与同义突变（nonsynonymous/synonymous substitution rates）的比值（$\omega = d_N/d_S$）。编码子替换模式的检验采用 Likelihood ratio test（LRT）法。检测 2 种模式时，将 log-likelihood 的 2 倍差值与χ^2分布值进行比较，χ^2分布的自由度为 2 种模式中的参数数量（Yang et al，2000）。LRT 检测的中心内容为 2 种模式的对比分析，其中一种模式中包含$\omega>1$的编码子，另一种模式则认为不存在上述编码子。在本研究中，我们运用 3 种 LRT 测试方式检测编码子替换模式，其中所用的模式描述与 Yang 等（2000）描述相同。第 1 种测试方式是比较 M1 与 M0，以检测进化树中包含$\omega>1$位点的分枝；第 2 种测试比较 M3 与 M0，以检测是否存在承受正向选择压力的编码子；最后一种测试方式是比较 M7 与 M8，以检测不同编码子的ω值（Yang et al，2000；Mondragon-Palomino et al，2002）。正向选择位点的检测以模式 M8 为准，检测采用 PAML 程序中的 Bayesian 方法。筛选到含正向选择位点（$\omega>1$）的亚家族后，继续用 LRT 测试方式检测后验概率（Posterior probability）大于 90%的位点

（Yang et al，2000；Mondragon-Palomino et al，2002）。每个三倍体毛白杨 RGA 亚家族均用 PAML 程序进行运算，运算所需的进化树为 CLUSTAL X 程序构建所得（Thompson et al，1997）。

三倍体毛白杨 RGA 核苷酸序列的多态性（Nucleotide diversity）及 *Pi*（Nei，1987）的运算采用 DNASP 4.0 程序包（Rozas and Rozas，1999）。

2.1.4 基因转换的检测

基因转换的检测采用 GENECONV 软件包（Sawyer，1999），基因转换的计算以进化树里同一亚家族（Subfamily）的基因为对象。计算整体 *P* 值（Global）和配对 *P* 值（Pairwise），用计算结果统计分析转化片段的显著性。整体 *P* 值的计算采用 10 000 个序列配对方式（Permutations of the sequence alignments），而配对 *P* 值的计算参考 Karlin and Altschul，（1993）介绍的方法。选择含有 3 个或以上基因的亚家族为对象，采用默认设置（Default settings）运行 GENECONV 软件，计算基因转换。基因交换的显著性设置为整体 Bonferroni 校正 *P* 值小于 0.05。

2.1.5 总 RNA 的提取与 cDNA 的制备

以液氮保存的毛白杨组织（包括成熟叶片、树皮和根部）为试材，总 RNA 的提取采用 SV 总 RNA 分离系统（SV Total RNA Isolation System，Promega）。提取后的总 RNA 用无 RNA 酶（RNase）的 DNA 酶（DNase）处理，去掉残余的基因组 DNA，并用分光光度计对 RNA 进行定量。取 3 μg 总 RNA 进行反转录，反转录采用 SuperScript™ Ⅲ Platinum Two-Step qRT-PCR Kit with SYBR Green 试剂盒（Invitrogen）进行，反应总体积为 40 μl，具体操作步骤参考说明书。合成后的 cDNA 用超纯 ddH_2O 稀释 5 倍，保存在–70℃备用。

2.1.6 实时荧光定量PCR

首先，依据进化树和多重比较结果所筛选出的序列差异较大的21个RGA设计基因特异引物，进行RT-PCR反应，检测在三倍体毛白杨各组织器官中表达的RGA，共筛选到18个RGA（引物序列见表2-8）。其他序列由于同源性太高，因而无法获得基因特异引物。引物的设计用Invitrogen公司在线服务软件OligoPerfect™（http://www.invitrogen.com/oligos）。三倍体毛白杨RGA的定量分析用SuperScript™ III Platinum Two-Step qRT-PCR Kit with SYBR Green试剂盒（Invitrogen），操作程序详见试剂盒说明书。PCR体系为50 μl，其中含1 μl cDNA和0.6 μl 10 mM引物，反应在Opticon 2仪器（M J RESEARCH INCORPORATED）上运行，退火温度为60℃，每个反应至少重复两次。扩增产物的特异性参考溶解曲线（Melting curve）。内参基因为杨树*ACTIN*基因（Accession number：AY261523.1）。定量实验前，将克隆在pGEM-T载体（Promega）上的目的基因稀释成不同浓度，进行定量分析，以分析结果建立反应的标准曲线，目的基因和内参基因的绝对定量参考标准曲线计算得出。定量实验结束后，数据采用M J公司配套分析软件（Opticon Monitor Analysis Software 3.1）运算。为了使数据标准化，每个样品的定量计算校正为目的基因的绝对量与内参基因的绝对量的比值。

2.2 结果与分析

2.2.1 毛白杨高抗无性系的筛选

将锈孢子悬浮液接种在树苗顶部叶片后，第6天开始持续观察毛白杨杂种的发病症状，并记录各单株的发病程度，最后统计各无性系的病程指数。结果发现，在接种的第8天无性系L25

首先发病，其叶背面出现了少量的黄色锈孢子堆。此后陆续有其他无性系也相继出现发病症状，在叶片的正反两面均有发生，且发病症状随着时间的延长呈现出逐渐加重的趋势，但不同无性系发病加重速度有所差异（图 2-1）。第 22 天病症观察结束，共发现 13 个具有发病症状的毛白杨无性系，这些感病无性系的发病程度各不相同，其中感病程度最高的是无性系 L25，其病程指数高达 5.4（表 2-1，图 2-1）。平均病程指数在 0～1 之间的无性系最多，为 4 个（L10，L17，L18 和 L24）；在 1～2 之间的有 3 个（L1，L4，L27）；在 2～3 之间的也有 3 个（L6，L16，L28），在 4～5 之间的无性系为 2 个（L5，L20），而在 5～6 之间的仅有 L25 无性系。在发病程度较低的无性系中，同一无性内不同单株间的发病程度也存在差异，如无性系 L17 的 5 个单株中有 3 个出现低水平的发病症状（病程指数为 1），而另外 2 个单株则没有出现发病症状（表 2-1）。另外，在所有供试无性系中有 15 个无性系其所有单株均未出现发病病症，表现出抗病性状，其中有 2 个三倍体毛白杨无性系[（*P. tomentosa*×*P. bolleana*）×*P. tomentosa*]（L9 和 L12）出现局部叶片细胞坏死症状，为典型的过敏性反应（图 2-1 F），表明这 2 个无性系为强抗病无性系，是克隆抗病基因的理想材料。

表 2-1　马格栅锈菌接种毛白杨杂种无性系试验

Table 2-1　Inoculation of leaves in hybrids of *P. tomentosa* with rust fungi *M. magnusiana* Wagner

Clone	Rust severity，RS						Clone	Rust severity，RS					
	RS1	RS2	RS3	RS4	RS5	Average		RS1	RS2	RS3	RS4	RS5	Average
L1	1	2	0	1	2	1.2±0.7	L15	0	0	0	0	0	0
L2	0	0	0	0	0	0	L16	3	2	4	3	2	2.8±0.7
L3	0	0	0	0	0	0	L17	1	1	0	0	1	0.6±0.3
L4	3	2	2	0	0	1.4±1.8	L18	1	1	0	0	2	0.8±0.7
L5	5	4	5	6	5	5.0±0.5	L19	0	0	0	0	0	0

Clone	Rust severity，RS						Clone	Rust severity，RS					
	RS1	RS2	RS3	RS4	RS5	Average		RS1	RS2	RS3	RS4	RS5	Average
L6	2	2	4	3	4	3.0±1.0	L20	3	5	4	3	6	4.2±1.7
L7	0	0	0	0	0	0	L21	0	0	0	0	0	0
L8	0	0	0	0	0	0	L22	0	0	0	0	0	0
L9	0	0	0	0	0	0	L23	0	0	0	0	0	0
L10	1	0	0	1	1	0.6±0.3	L24	2	0	2	0	1	1.0±1.0
L11	0	0	0	0	0	0	L25	5	5	6	5	6	5.4±0.3
L12	0	0	0	0	0	0	L26	0	0	0	0	0	0
L13	0	0	0	0	0	0	L27	0	2	2	2	1	1.4±0.8
L14	0	0	0	0	0	0	L28	2	3	3	4	2	2.8±0.7

图 2-1　马格栅锈菌活体接种毛白杨杂种叶片试验

Fig. 2-1　Leaf inoculation assay performed on hybrids of *P. tomentosa* with rust fungi *M. magnusiana*

A：未接种锈菌的对照健康叶片，B：正面发病的叶片（无性系 L25），C：正面发病的叶片（无性系 L18），D：反面发病的叶片（无性系 L5），E：反面发病的叶片（无性系 L27），F：出现坏死斑的抗病叶片（无性系 L9），箭头指示叶片坏死斑

2.2.2 三倍体毛白杨 NBS 型抗病基因同源序列的克隆与分析

以筛选出的高抗病三倍体毛白杨无性系 L9 为试材，提取基因组 DNA，进行 PCR 扩增。电泳分离 PCR 产物，发现反应扩增出了 1 条约 520bp 的特异产物（图 2-2）。回收扩增产物，构建到载体中，并转化大肠杆菌。从平板中随机挑选 1 500 个单菌落，用 PCR 方法筛选到 156 个阳性菌株，并进行测序。

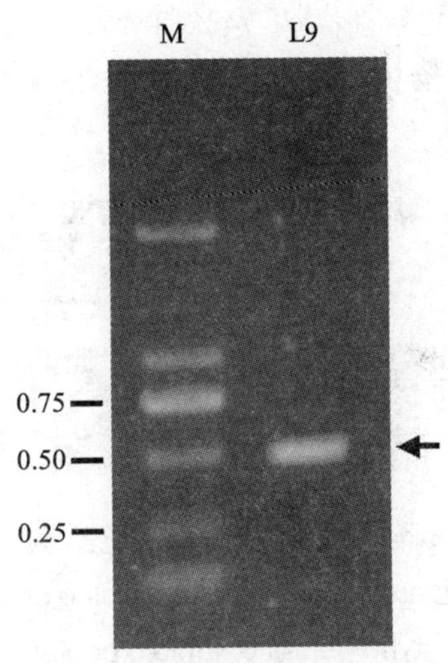

图 2-2　运用 NBS-LRR 基因简并引物扩增三倍体杨树基因组 DNA 的 PCR 产物

Fig. 2-2　PCR products of genomic DNA from triploid poplar using the degenerate primers designed according to the NBS-LRR motif of several plant *R* genes

M：2-kb DNA ladder，L9：提供模板 DNA 的杨树无性系

通过剔除测序结果中的载体序列和重复基因后，共获得 83 个差异片段，然后将其全部登录到 NCBI 网的 GenBank 中。用差异序列在 NCBI 和 *Populus* EST 数据库中进行 BLAST 比对分

析，共检测到 59 的片段，它们与其他植物的已知抗病基因或抗病基因同源序列（RGA）具有很高的同源性。例如，毛白杨 DQ324296 的 DNA 序列与其他杨树抗病基因 EST（F050P48Y）的一致性高达 58%，它的编码氨基酸序列包含 NBS-LRR 类抗病基因典型的 NB-ARC 结构域（van der Biezen and Jones，1998a 和 1998b），而且与欧洲山杨（*P. tremula*）抗病基因 EST（AAZ30319）和烟草花叶病毒抗病蛋白 N（Q40392）（Whitham et al，1994）的同源性分别高达 74%和 44%。因此，初步判断这些序列与三倍体毛白杨抗病性相关，为 NBS 型抗病基因同源序列（RGA）。

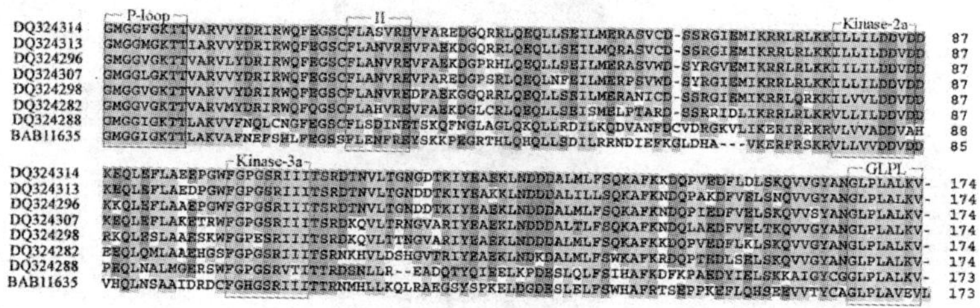

图 2-3 三倍体毛白杨 NBS 类 RGA 编码氨基酸序列的多重比较分析

Fig. 2-3 Multiple alignments of deduced amino acid sequences of NBS type genes of triploid poplar

图中方框区域为氨基酸保守基序，分析所用的三倍体毛白杨序列是图 2-6 中亚家族 1 和 2 的代表序列，BAB11635：拟南芥 *Arabidopsis* 抗病蛋白 N

序列分析发现，54 个 RGA 具有完整开放阅读框（Open reading frame，ORF），占全部 59 个 RGA 中的 91.5%。它们的编码氨基酸序列均包含 NBS-LRR 类抗病蛋白所有的特征基序（Motif）：P-loop 基序（GMGGVGKT）、Kinase-2a（LLVLDDV）、Kinase-3a（FGPGSR）和 GLPL（图 2-3），不过各基序中氨基酸序列存在替换现象，例如 P-loop 基序中出现了 V 残基被 I、L、F 或 M 残基替代现象，GLPLAL 出现了被 GLPLTL 替代现象（如 DQ324286）。

Kinase-2a 和 Kinase-3a 基序中氨基酸的替代频率更高、种类更丰富，以 DQ324323 为例，两个基序的氨基酸序列分别替代成 LVVFDDV 和 LGPGSS。进一步分析发现，Kinase-2a 基序的最后一个氨基酸残基为天冬氨酸（Aspartic residue，D）或色氨酸（Tryptophan residue，W），表明三倍体毛白杨 RGA 包含 TIR-NBS 型 RGA（如 DQ324323）和 non-TIR-NBS 型 RGA（如 DQ324325）（图 2-6）。

核苷酸多态性研究表明，三倍体毛白杨 RGA 的多态性整体上处于较低水平（图 2-4），尤其是保守的基序区域，如 P-loop、II、Kinase-2a、Kinase-3a 和 GLPL，这说明三倍体毛白杨抗病基因的 NBS 区域同源性较高。

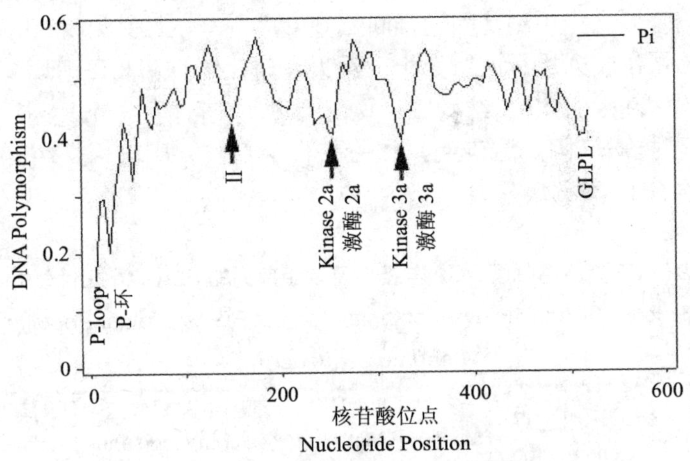

图 2-4　三倍体毛白杨 RGA 的核苷酸多态性分析

Fig. 2-4　Nucleotide polymorphism of triploid poplar RGAs

图中标记区域为核苷酸多态性较低的保守基序

2.2.3 三倍体毛白杨 RGA 与毛果杨基因组序列的比较分析

为了探讨三倍体毛白杨 RGA 序列在基因组内的大致分布和

可能的数量，本研究以遗传距离相差 0.07 为域值，筛选得到 21 个序列差异较大的 RGA，将其与毛果杨基因组序列进行 BLAST 比对分析。结果发现，除 DQ324332 和 DQ324337 外，其余 19 个 RGA 在毛果杨基因组内共检测到 96 个高度同源的匹配区域，其匹配长度在 200bp 以上，同源性均高于 88%（表 2-2）。这些匹配区域分布在毛果杨基因组的 37 个位点，包括 30 个 Scaffold 和 7 个连锁群（Linkage group，LG）。当去掉重复的匹配区域后，可获得 74 个不同的同源区域。在此基础上，以同源匹配区段为中心，截取上下共 16-kb 区域的毛果杨基因组 DNA 序列，用 Genscan 软件进行编码基因的预测。结果发现，在毛果杨基因组的每个同源区域均含有 1 个具有完整编码框的基因，共计获得 74 个编码基因。将预测基因的推断氨基酸序列与 NCBI 和 Pfam 数据库的蛋白序列进行比对分析，结果发现，所有预测蛋白均含有植物抗病基因的 NBS 结构域，说明上述所获得的 74 个基因均为 NBS 型抗病基因。这表明，在三倍体毛白杨基因组内，蕴涵着丰富的 NBS 类抗病基因。

表 2-2　三倍体毛白杨 RGA 与杨树基因组序列的 BLASTn 比对分析

Table 2-2　BLAST analysis of triploid poplar RGAs against *Populus* genome sequence

RGA	基因组位点 Genomic loci	一致性 Identity（%）	匹配长度 Matching length（bp）	基因组匹配位点 Matching region in genome	预测基因 Predicted genes
DQ324301	Scaffold_155	90.26	503	504981|505483	DQ513226
		94.23	503	528929|529431	DQ513224
		94.04	503	596654|597156	DQ513225
		95.23	503	611954|612456	DQ513223
	Scaffold_123	93.64	503	35510|36012	DQ513222
		93.04	503	13765|14267	DQ513217
	Scaffold_883	92.45	503	11476|11978	DQ513213
	Scaffold_509	92.45	503	18285|18787	DQ513214

RGA	基因组位点 Genomic loci	一致性 Identity（%）	匹配长度 Matching length（bp）	基因组匹配位点 Matching region in genome	预测基因 Predicted genes
DQ324301	Scaffold_212	89.26	503	110301|110803	DQ513209
		90.85	503	145708|146210	DQ513216
		94.04	503	170733|171235	DQ513215
		95.38	260	222311|222570	DQ513241
		92.84	503	244554|245056	DQ513220
		93.55	512	271319|271830	DQ513219
		90.12	243	71005|71247	DQ513231
		93.28	461	196822|197282	DQ513218
		91.18	238	70763|71000	DQ513227
		95.38	238	222069|222306	DQ513221
DQ324282	Scaffold_41	97.17	494	2695564|2696057	DQ513198
		97.37	494	2767590|2768083	DQ513197
	LG_XIII	97.37	494	9211501|9211994	DQ513196
		96.76	494	9214648|9215141	DQ513195
	Scaffold_243	96.56	494	220210|220703	DQ513194
	Scaffold_1082	97.50	440	6533|6972	/
DQ324285	Scaffold_243	92.57	323	220383|220705	DQ513194
		89.03	319	205099|205417	DQ513200
		88.64	317	171016|171332	DQ513199
		93.53	232	37545|37776	DQ513203
		93.53	232	56746|56977	DQ513202
	LG_XIII	93.50	323	9211674|9211996	DQ513196
		92.57	323	9214821|9215143	DQ513195
	Scaffold_41	92.57	323	2695737|2696059	DQ513198
		93.19	323	2767763|2768085	DQ513197
		93.19	323	2775405|2775727	DQ513201
	Scaffold_123	91.22	319	35688|36006	DQ513222
DQ324294	Scaffold_12467	98.41	503	678|1180	DQ104384
	Scaffold_77	98.41	503	1458657|1459159	DQ513205
DQ324293	LG_XIX	97.45	471	8261519|8261989	DQ513204

RGA	基因组位点 Genomic loci	一致性 Identity (%)	匹配长度 Matching length (bp)	基因组匹配位点 Matching region in genome	预测基因 Predicted genes
DQ324312	Scaffold_245	98.16	490	124140|124629	DQ513235
		98.16	490	177919|178408	DQ513233
		91.02	245	65744|65988	DQ513238
	Scaffold_187	87.22	485	202932|203416	DQ513237
DQ324323	LG_VII	94.85	485	261130|261614	DQ513257
DQ324328	LG_XIX	91.21	387	54099|54485	DQ270663
		90.67	375	88755|89129	DQ270664
		89.33	375	6698778|6699152	DQ270665
	Scaffold_117	88.70	230	336949|337178	DQ513244
	Scaffold_117	91.21	387	349312|349698	DQ270668
		89.12	386	235692|236077	DQ513245
		93.23	384	134349|134732	DQ513246
		91.60	369	183690|184058	DQ270667
		89.54	373	175527|175899	DQ270666
	Scaffold_272	93.28	387	31236|31622	DQ270670
	Scaffold_20987	93.07	375	527|901	DQ513243
	Scaffold_3312	92.51	387	6298|6684	DQ513247
	Scaffold_283	93.07	375	120653|121027	DQ270671
	Scaffold_234	92.00	375	188015|188389	DQ270669
DQ324331	Scaffold_118	97.20	429	806367|806795	DQ513251
DQ324321	Scaffold_155	94.83	503	504984|505486	DQ513226
		88.67	503	528932|529434	DQ513224
		88.72	337	611957|612293	DQ513223
		89.92	258	596657|596914	DQ513225
	Scaffold_212	92.84	503	70760|71262	DQ513227
		93.24	503	110298|110800	DQ513209
		93.24	503	145705|146207	DQ513216
		88.84	242	222066|222307	DQ513221
		93.81	210	244551|244760	DQ513220
		87.48	503	271325|271827	DQ513219
		91.47	258	170975|171232	DQ513215

RGA	基因组位点 Genomic loci	一致性 Identity （%）	匹配长度 Matching length（bp）	基因组匹配位点 Matching region in genome	预测基因 Predicted genes
DQ324321	Scaffold_212	90.87	219	197064|197282	DQ513218
		90.31	258	244796|245053	DQ513220
		91.83	257	222311|222567	DQ513241
	Scaffold_123	88.27	503	35513|36015	DQ513222
	Scaffold_784	94.61	241	13762|14002	DQ513240
DQ324308	LG_III	97.66	471	9806037|9806507	DQ513236
		87.12	264	9812239|9812502	DQ513234
	Scaffold_29	85.75	435	2829884|2830318	DQ513232
		87.40	262	2786874|2787135	DQ513228
DQ324306	Scaffold_2784	97.89	332	3742|4073	DQ513229
	Scaffold_29	97.89	332	2825209|2825540	DQ513230
DQ324287	Scaffold_537	92.65	313	36023|36335	DQ513207
DQ324315	LG_XIX	98.48	264	1765622|1765885	DQ513239
DQ324292	Scaffold_640	96.06	355	15150|15504	DQ513212
	Scaffold_433	96.73	214	19443|19656	DQ513210
	Scaffold_583	93.80	355	1387|1741	DQ513208
	Scaffold_343	93.52	355	43329|43683	DQ513211
DQ324333	Scaffold_305	92.42	488	65299|65786	DQ513252
		87.29	354	17878|18231	DQ513254
	LG_III	92.24	322	17221944|17222265	DQ513250
		92.49	213	17253343|17253555	DQ513248
		89.91	218	17235812|17236029	DQ513249
	Scaffold_1719	89.96	488	5473|5960	DQ513255
	Scaffold_1565	90.39	437	6|442	DQ513256
DQ324290	LG_I	98.20	499	1909175|1909673	DQ513206
DQ324323	LG_XI	96.20	237	12811823|128120	DQ513242
DQ324335	LG_XVI	96.55	377	7574710|7575086	DQ513253

2.2.4 三倍体毛白杨RGA序列的进化树分析

为了研究三倍体毛白杨 RGA 序列相互之间以及它们与其他植物已知抗病 R 基因的相互关系，本研究在 DNA 和氨基酸水平上分别构建进化树。依据核苷酸同源性高低，三倍体毛白杨 59 个 RGA 序列可划分为 10 个亚家族，分别命名为亚家族 1 至 10（图 2-5），这说明三倍体毛白杨基因组内的 NBS 型抗病基因种类繁多。另外，各亚家族间在 RGA 的数量上差异很大，最少的亚家族仅有 1 个 RGA，如亚家族 7、8、9 和 10；而最大的亚家族 1 则可包含 36 个 RGA。同时，RGA 彼此间的遗传距离差异明显，亚家族内的序列之间距离较近，尤其是亚家族 1 内的序列，它们彼此之间十分接近，但亚家族间的序列之间则距离较远（图 2-5）。

在氨基酸进化树方面，DQ324287 和 DQ324332 没有参与进化树的构建，主要是由于它们与其他序列的遗传距离较远。依据氨基酸同源性高低以及 Kinase-2a 基序最后一个氨基酸残基的种类，52 个三倍体毛白杨 RGA 的氨基酸序列与 8 个植物抗病 R 蛋白被分为 TIR-NBS 和 non-TIR-NBS 两类（图 2-6）。TIR-NBS 类序列包括 38 个三倍体毛白杨 RGA 和 5 个功能已知的 R 蛋白（烟草 N 蛋白、亚麻 L6 蛋白、番茄 Gro1-4 蛋白和 M 蛋白以及拟南芥 N 蛋白）；non-TIR-NBS 类序列包括剩余的 14 个 RGA 序列和 3 个抗病 R 蛋白（RPS2、RPM1 和 Xal）。与核苷酸进化树相似，氨基酸进化树内各亚家族间 RGA 的数量差异很大，RGA 彼此之间遗传距离也存在较大差异。进一步分析进化树后发现，DNA 树中亚家族 1 至 3 中的 RGA 序列在氨基酸树中仍然紧密聚在一起，而且构象（Topology）相似。但其它序列在 2 种树内的遗传距离和构象排列存在较大差异。

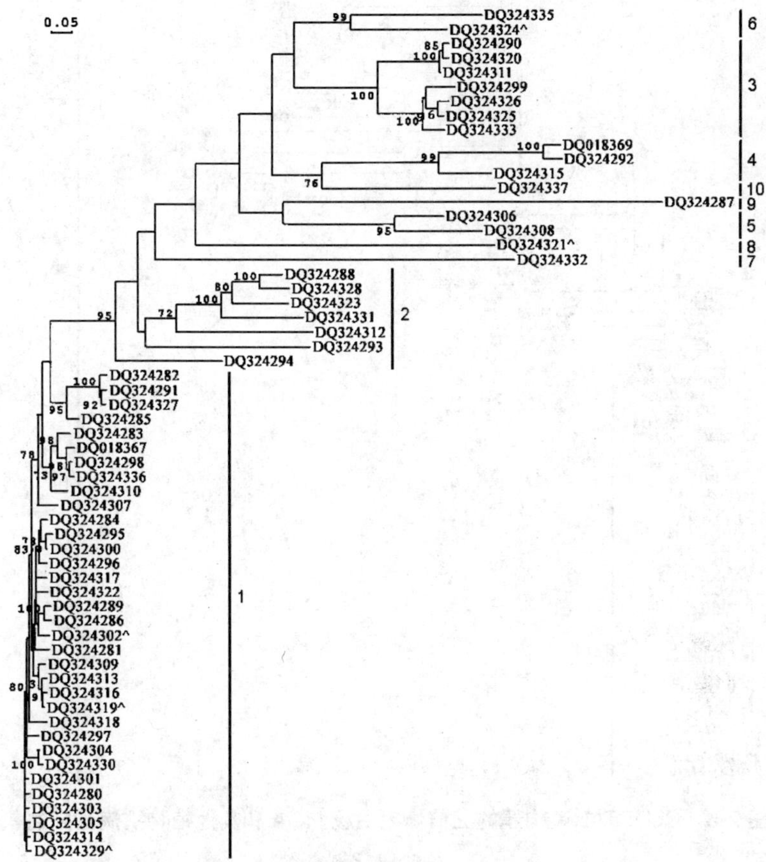

图 2-5　CLUSTAL X 构建的三倍体毛白杨 RGA 的 DNA 进化树

Fig. 2-5　Consensus tree of NBS encoding RGAs from triploid poplar constructed by phylogenetic analysis using CLUSTAL X program

RGA 被划分成 10 个亚家族，各亚家族以阿拉伯数字 1～10 表示，亚家族分类的域值为 RGA 之间的遗传距离大于 0.400，图中仅标出了 bootstrap 值大于 70 的值，插入记号（^）表示该序列没有完整的开放阅读框，没有参与蛋白质进化树的构建

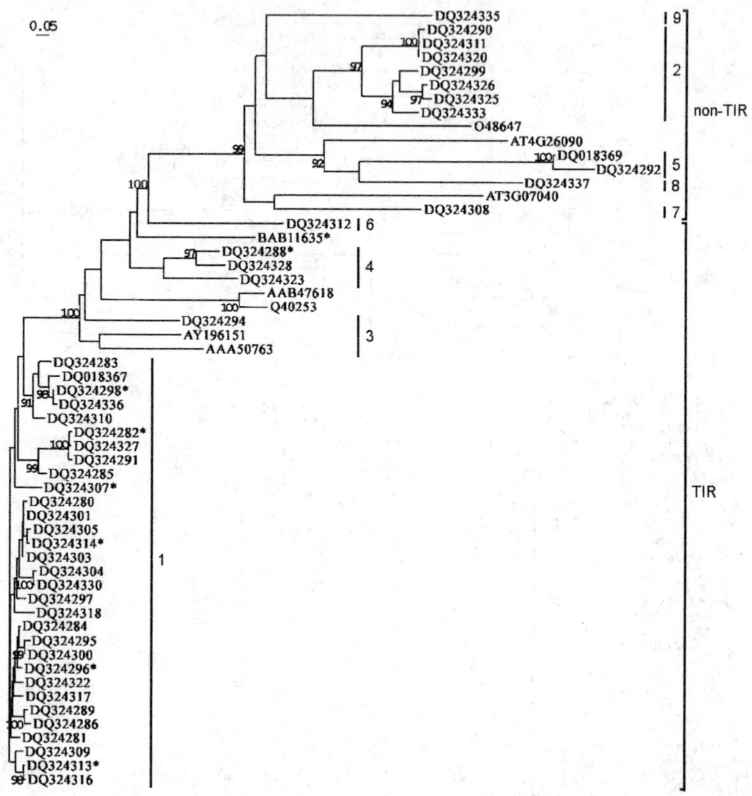

图 2-6　CLUSTAL X 构建的三倍体毛白杨 RGA 和其他植物抗病基因的氨基酸进化树

Fig. 2-6　Consensus tree of NBS types of amino acid sequences from triploid white poplar and eight known plant R proteins constructed by phylogenetic analysis using CLUSTAL X software

亚家族区分的遗传距离域值为 0.500，At4g26090（RPS2），At3g07040（RPM1），Q40253（L6），O48647（Xal），Q9SBC3（Mi-1），BAB11635（*Arabidopsis* N），AAB47618（M），AAA50763（*Nicotiana* N），AY196151（Gro1-4），带星号（*）的序列参与了图 2-3 的多重比较分析

2.2.5 核苷酸替换与基因交换的计算

为了分析影响三倍体毛白杨 RGA 进化的作用力，本研究计算了同义突变和异义突变的比值（$\omega = d_N/d_S$）。对于前 3 个亚家族内的 RGA 而言，13 种运算模式取得了相似的结果，各亚家族 RGA 的平均ω值显著小于 1，分别为 0.25、0.38、0.40 左右，表明三倍体毛白杨 RGA 的进化处于很强的纯化选择压力之下（表 2-3，表 2-4，表 2-4）。

表 2-3　亚家族 1 基因的似然值与参数估计值

Table 2-3　Likelihood values and parameter estimates for subfamily 1

模式 Model code	lnL	d_N/d_S	参数估算 Estimates of parameters
M0（one-ratio）	–3 794.40	0.197	$\omega = 0.197$
M1（neutral）	–3 738.53	0.225	$p_0 = 0.887$（$p_1 = 0.113$） $\omega_0 = 0.126$，$\omega_1 = 1.000$
M2（selection）	–3 730.90	0.263	$p_0 = 0.883$，$p_1 = 0.112$（$p_2 = 0.006$） $\omega_0 = 0.131$，$\omega_1 = 1.000$，$\omega_2 = 6.282$
M3（discrete）	–3 729.03	0.224	$p_0 = 0.546$，$p_1 = 0.422$（$p_2 = 0.032$） $\omega_0 = 0.051$，$\omega_1 = 0.328$，$\omega_2 = 1.798$
M4（freqs）	–3 732.90	0.279	$p_0 = 0.342$，$p_1 = 0.603$，$p_2 = 0.000$， $p_3 = 0.044$（$p_4 = 0.011$） $\omega_0 = 0.000$，$\omega_1 = 0.333$，$\omega_2 = 0.667$， $\omega_3 = 1.000$，$\omega_4 = 3.000$
M5（gamma）	–3 734.12	0.239	$\alpha= 0.621$，$\beta= 2.467$
M6（2gamma）	–3 729.80	0.239	$p_0 = 0.634$（$p_1 = 0.366$） $\alpha_0 = 16.910$，$\beta_0 = 81.157$，$\alpha_1 = 0.070$ （$\beta_1 = 0.070$）
M7（beta）	–3 737.18	0.219	$p = 0.503$，$q = 1.772$
M8（beta&ω）	–3 725.68	0.237	$p_0 = 0.994$（$p_1 = 0.006$） $p = 0.581$，$q = 2.211$，$\omega = 5.654$

模式 Model code	lnL	d_N/d_S	参数估算 Estimates of parameters
M9（beta&gamma）	–3 738.48	0.251	$p_0=0.969$（$p_1=0.031$） $p=0.402$，$q=1.270$，$\alpha=1.094$，$\beta=1.103$
M10（beta&gamma+1）	–3 737.51	0.261	$p_0=0.949$（$p_1=0.051$） $p=0.415$，$q=1.527$，$\alpha=0.103$，$\beta=1.101$
M11（beta&normal＞1）	–3 730.75	0.252	$p_0=0.949$（$p_1=0.051$） $p=0.882$，$q=4.245$，$\mu=5.100$，$\sigma=3.917$
M12（0&2normal＞1）	–3 728.43	0.244	$p_0=0.267$（$p_1=0.179$） $\mu_2=0.184$，$\sigma_1=0.565$，$\sigma_2=0.000$
M13（3normal＞1）	–3 730.21	0.252	$p_0=0.113$，$p_1=0.075$（$p_2=0.812$） $\mu_2=0.113$，$\sigma_0=0.002$，$\sigma_1=1.925$，$\sigma_2=0.170$

表 2-4　亚家族 2 基因的似然值与参数估计值

Table 2-4　Likelihood values and parameter estimates for subfamily 2

模式 Model code	lnL	d_N/d_S	参数估算 Estimates of parameters
M0（one-ratio）	–1 767.21	0.291	$\omega=0.291$
M1（neutral）	–1 746.59	0.351	$p_0=0.727$（$p_1=0.273$） $\omega_0=0.107$，$\omega_1=1.000$
M2（selection）	–1 746.19	0.402	$p_0=0.727$，$p_1=0.262$（$p_2=0.011$） $\omega_0=0.111$，$\omega_1=1.000$，$\omega_2=5.646$
M3（discrete）	–1 744.70	0.374	$p_0=0.348$，$p_1=0.552$（$p_2=0.100$） $\omega_0=0.000$，$\omega_1=0.343$，$\omega_2=1.844$
M4（freqs）	–1 744.94	0.385	$p_0=0.355$，$p_1=0.498$，$p_2=0.000$，$p_3=0.111$（$p_4=0.036$） $\omega_0=0.000$，$\omega_1=0.333$，$\omega_2=0.667$，$\omega_3=1.000$，$\omega_4=3.000$
M5（gamma）	–1 745.49	0.365	$\alpha=0.507$，$\beta=1.306$

模式 Model code	lnL	d_N/d_S	参数估算 Estimates of parameters
M6（2gamma）	–1 744.81	0.374	$p_0 = 0.530$（$p_1 = 0.470$） $\alpha_0 = 35.667$，$\beta_0 = 99.000$，$\alpha_1 = 0.066$ （$\beta_1 = 0.066$）
M7（beta）	–1 746.53	0.329	$p = 0.288$，$q = 0.587$
M8（beta&ω）	–1 745.20	0.375	$p_0 = 0.934$（$p_1 = 0.066$） $p = 0.489$，$q = 1.429$，$\omega = 2.092$
M9（beta&gamma）	–1 745.21	0.374	$p_0 = 0.945$（$p_1 = 0.055$） $p = 0.534$，$q = 1.568$，$\alpha = 0.895$，$\beta =$ 0.042
M10（beta&gamma+1）	–1 745.28	0.384	$p_0 = 0.949$（$p_1 = 0.051$） $p = 0.438$，$q = 1.180$，$\alpha = 0.664$，$\beta =$ 0.005
M11（beta&normal＞1）	–1 745.21	0.374	$p_0 = 0.948$（$p_1 = 0.052$） $p = 0.536$，$q = 1.568$，$\mu = 7.524$，$\sigma =$ 5.454
M12（0&2normal＞1）	–1 744.78	0.375	$p_0 = 0.342$（$p_1 = 0.280$） $\mu_2 = 0.321$，$\sigma_1 = 0.986$，$\sigma_2 = 0.000$
M13（3normal＞1）	–1 744.79	0.374	$p_0 = 0.349$，$p_1 = 0.067$（$p_2 = 0.584$） $\mu_2 = 0.363$，$\sigma_0 = 0.000$，$\sigma_1 = 5.054$， $\sigma_2 = 0.000$

从分析结果可以看出，M3 模式的符合程度明显高于 M0 与 M1 模式，而 M1 模式则高于 M0 模式（表 2-3，表 2-4，表 2-4）。就 LRT 检验而言，前 2 种检验（即 M1/M0 与 M3/M0）在各 RGA 亚家族内均检测到正向选择位点（表 2-3，表 2-4，表 2-4），它们的ω值显著大于 1。同时，在 13 种模式中检测到具有正向选择压力的模式有 11 种（包括 M2-M6 和 M8-M13），而且应用这 11 种模式可在毛白杨 RGA 中检测到正向选择位点的存在（表 2-3，表 2-4，表 2-4）。以 M3 运算模式为例，它在亚家族 1、2 和 3 中

均检测到正向选择位点，正向选择位点比率分别约为3.2%、10%和2.4%，其对应的ω_2值分别为1.798、1.844和1.942（表2-3，表2-4，表2-4）。比较M7与M8的LRT检测筛选出亚家族1，它与筛选模式（Selective model）的匹配程度明显高于与初级模式的（Null model）匹配程度，而且$\omega>1$。经过Bonderroni校正后，在1%的误差条件下，运算结果仍保持显著水平（表2-3，表2-4，表2-4，表2-6）。在90%水平下，M8模式在亚家族1内检测到1个正向选择位点（5 L），且在亚家族2内可检测到3个正向选择位点（5 L、60 Q和63 L）（图2-7），这些位点通常被认为是正向选择压力的作用对象；而在亚家族3中，M8模式没有检测到处于90%水平以上的正向选择位点（图2-7，表2-6）。

表2-5　亚家族3基因的似然值与参数估计值

Table 2-5　Likelihood values and parameter estimates for subfamily 3

模式 Model code	lnL	d_N/d_S	参数估算 Estimates of parameters
M0（one-ratio）	–3 272.25	0.298	$\omega = 0.298$
M1（neutral）	–3 232.79	0.470	$p_0 = 0.643$（$p_1 = 0.357$） $\omega_0 = 0.175$，$\omega_1 = 1.000$
M2（selection）	–3 232.79	0.470	$p_0 = 0.643$，$p_1 = 0.357$（$p_2 = 0.000\ 2$） $\omega_0 = 0.175$，$\omega_1 = 1.000$，$\omega_2 = 3.532$
M3（discrete）	–3 229.65	0.388	$p_0 = 0.535$，$p_1 = 0.441$（$p_2 = 0.024$） $\omega_0 = 0.124$，$\omega_1 = 0.623$，$\omega_2 = 1.942$
M4（freqs）	–3 233.46	0.468	$p_0 = 0.129$，$p_1 = 0.637$，$p_2 = 0.000$， $p_3 = 0.223$（$p_4 = 0.011$） $\omega_0 = 0.000$，$\omega_1 = 0.333$，$\omega_2 = 0.667$， $\omega_3 = 1.000$，$\omega_4 = 3.000$
M5（gamma）	–3 229.67	0.386	$\alpha = 1.184$，$\beta = 2.973$
M6（2gamma）	–3 229.57	0.390	$p_0 = 0.855$（$p_1 = 0.145$） $\alpha_0 = 1.485$，$\beta_0 = 5.092$，$\alpha_1 = 24.403$ （$\beta_1 = 24.403$）

模式 Model code	lnL	d_N/d_S	参数估算 Estimates of parameters
M7（beta）	–3 230.82	0.358	$p = 0.845$，$q = 1.511$
M8（beta&ω）	–3 229.57	0.391	$p_0 = 0.816$（$p_1 = 0.184$） $p = 1.309$，$q = 3.809$，$\omega = 1.000$
M9（beta&gamma）	–3 229.54	0.387	$p_0 = 0.732$（$p_1 = 0.268$） $p = 1.570$，$q = 5.694$，$\alpha = 18.858$，$\beta = 21.742$
M10（beta&gamma+1）	–3 229.66	0.401	$p_0 = 0.832$（$p_1 = 0.168$） $p = 1.185$，$q = 3.194$，$\alpha = 0.005$，$\beta = 1.847$
M11（beta&normal＞1）	–3 230.12	0.387	$p_0 = 1.000$（$p_1 = 0.000\ 4$） $p = 0.849$，$q = 1.513$，$\mu = 2.485$，$\sigma = 0.219$
M12（0&2normal＞1）	–3 229.06	0.397	$p_0 = 0.074$（$p_1 = 0.250$） $\mu_2 = 0.234$，$\sigma_1 = 0.035$，$\sigma_2 = 0.098$
M13（3normal＞1）	–3 229.67	0.388	$p_0 = 0.668$，$p_1 = 0.000$（$p_2 = 0.332$） $\mu_2 = 0.580$，$\sigma_0 = 0.305$，$\sigma_1 = 13.471$，$\sigma_2 = 0.511$

表 2-6 似然值测试结果
Table 2-6 Likelihood ratio test results

亚家族 Subfamily	n[1]	L[2]	*P* 值 *P*-value[3] M0：M1	*P* 值 *P*-value M0：M3	*P* 值 *P*-value M7：M8	M8 估值 M8 estimates[4]	正向选择位点 Positively selected sites
1	31	174	＜1.0e–6	＜1.0e–6	1.0e-05	$\omega = 5.654$; $p_1 = 0.006$	5 L
2	7	174	＜1.0e–6	＜1.0e–6	0.264	$\omega = 2.092$; $p_1 = 0.066$	5 L 60 Q 63 L
3	7	174	＜1.0e–6	＜1.0e–6	0.287	$\omega = 1.000$; $p_1 = 0.184$	

[1] 亚家族内的 RGA 数量，[2] 预测氨基酸长度，[3] 0.05 水平上用 Bonferroni 法校正的 *P*-value，[4] ω为 M8 检测到的 d_N/d_S 值，p_1 为正向选择位点的百分率

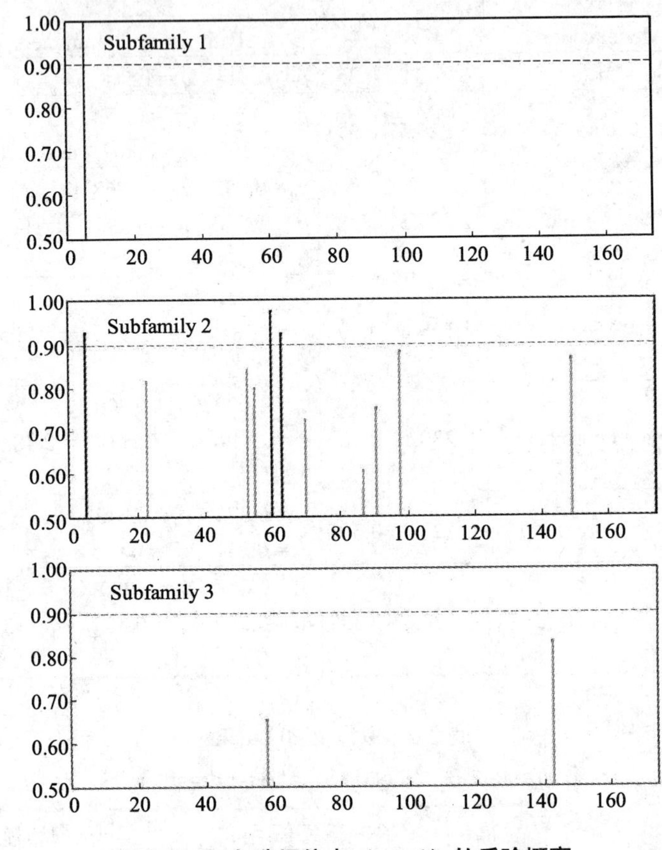

图 2-7　正向选择位点（ω＞1）的后验概率

Fig. 2-7　Posterior probability for sites in the positively selected class（ω＞1）

同时，为了分析基因交换对三倍体毛白杨抗病基因 NBS 结构域进化的贡献，本研究还对上述 3 个亚家族内 RGA 的基因交换频率进行计算。结果发现，在亚家族 1 和 3 中，存在大量的基因交换，而且达到显著水平（$P<0.05$），交换片段长度在 32～423 bp 之间不等（表 2-7），表明基因交换在三倍体毛白杨抗病基因的进化过程中起着重要作用。同时，由于前述研究已证

实影响毛白杨 RGA 进化的作用力为纯化选择压力，由此可推测，基因交换的主要作用可能是促进三倍体毛白杨 RGA 的同化（Homogenization）过程。但在 RGA 序列同源性偏低的亚表 2-8 荧光定量 PCR 分析所用的引物序列家族 2 基因中仅检测到 1 个基因交换，此频率显著低于 RGA 同源性较高的亚家族 1 和 3 基因，这说明核苷酸的同源程度与基因交换频率之间存在一定的正相关性。

表 2-7　三倍体毛白杨 RGA3 个亚家族内基因转换的数量与长度（$P<0.05$）

Table 2-7　Number and length of significant（$P<0.05$）intergenic exchange events detected between NBS type RGAs of triploid *P. tomentosa* within subfamilies 1，2 and 3

亚家庭 Subfamilies	两两比较交换数 Exchanges per pairwise comparison	交换长度 Exchange length（bp）
1	0.344	35～423
2	0.476	32～299
3	0.048	14
	Average	
	0.337	94.526
	标准差 Standard deviation	
	0.219	64.780

Table 2-8　Oligonucleotide primers for real-time PCR analysis

RGA clone	序列 Sequence	扩增长度 Amplified fragment（bp）
DQ324325	Forward：5’-TGTCACAACACGCAATGAAA-3’	86
	Reverse：5’-AGCAGCTGTCTTCCGTCAAT-3’	
DQ324320	Forward：5’-ATGCCAGGACTCCAAATCAG-3’	188
	Reverse：5’-TGATGCTACGCTTTCATTGC-3’	
DQ324335	Forward：5’-TCCCCGTTGTCTGATCTAGG-3’	118
	Reverse：5’-GCTTACCCCACCAATCTTGA-3’	

RGA clone	序列 Sequence	扩增长度 Amplified fragment（bp）
DQ324308	Forward：5’-CCAGGTCCTAAAGGTGTGGA-3’ Reverse：5’-GCACTCGTGTGCCATACATC-3’	116
DQ324292	Forward：5’-GATCACGGTATCGCAGGATT-3’ Reverse：5’-TGCATCCCTTCACATGGATA-3’	218
DQ324337	Forward：5’-CGACAACCTTCGAATTGGTT-3’ Reverse：5’-CAAGCGGTCTGCCATATCTT-3’	86
DQ324291	Forward：5’-AGAGCATGGATCGTTTGGTC-3’ Reverse：5’-AACCCACAACTTGCTTGGAC-3’	203
DQ324284	Forward：5’-CGATAGGATTCGTTGGCAAT-3’ Reverse：5’-GTTCCTGTAAATGGCGTGGT-3’	95
DQ018367	Forward：5’-GACAACGCCGTTTACAGGAG-3’ Reverse：5’-GCAGCCAGGGATTCTAGTTG-3’	169
DQ324288	Forward：5’-CATTGATGGGAGAGCGAAGT-3’ Reverse：5’-GGATGCTGAAAAGCTGAAGG-3’	144
DQ324323	Forward：5’-CGAGGGGAGCTCTTTTCTTT-3’ Reverse：5’-CTCTTTTGTGCCGAAGTCGT-3’	167
DQ324312	Forward：5’-CAATTCAATGCAATCGTTGG-3’ Reverse：5’-CATGCCAACTGAAAAGCTCA-3’	163
DQ324287	Forward：5’-CCTTCAAACCAGCCCACTTA-3’ Reverse：5’-CTACTGGCTGGGTGGACAAT-3’	129
DQ324315	Forward：5’-CGGCACAGAGCAGTTGAAAT-3’ Reverse：5’-AGTCCAAGCCTTTTCCTCCA-3’	215
DQ324306	Forward：5’-TTCAACAGCTCTTCCGTGTG-3’ Reverse：5’-TGTTTGGGAACACAGGTTCA-3’	177
DQ324331	Forward：5’-GCAAAGGCCGTATTTAACCA-3’ Reverse：5’-TTGATCAGAGCGCTTCCTCT-3’	181
DQ324332	Forward：5’-CTCACGAAGGCAAGGAAAAC-3’ Reverse：5’-CCACCTTTCGGGAAACTACA-3’	174
DQ324293	Forward：5’-AGGATCCGGCACAAAGAAGT-3’ Reverse：5’-GTTGACGAGCTTCACTGCAA-3’	199
ACTIN	Forward：5’- CTCCATCATGAAATGCGATG -3’ Reverse：5’- TTGGGGCTAGTGCTGAGATT -3’	128

2.2.6 RGA 在三倍体毛白杨各组织器官中的表达

为了探索三倍体毛白杨 RGA 的潜在生物学功能，本研究对其表达模式进行分析。基因特异的 RT-PCR 分析发现，在核苷酸序列差异显著的 21 个 RGA 中有 18 个在三倍体毛白杨无性系 L9 中呈组成型表达（图 2-8），而且表达基因数目占全部测试基因总数的 85.7%，表明大部分三倍体毛白杨 RGA 都在体内具有生物学功能。为了进一步研究这些基因的表达特性，本研究采用定量 PCR 技术及定量，分析这 18 个基因在三倍体毛白杨 3 种器官（根部、皮部和成熟叶片）中的相对表达量。结果发现，在相同器官中，不同基因的表达水平存在显著差异，例如在成熟叶片中，DQ324287 基因的表达水平分别是 DQ324287 基因、DQ324293 基因、DQ324320 基因和 DQ324308 基因的 3.6 倍、17 倍、357.5 倍和 4 059.4 倍；在不同器官中，同一基因的表达水平也存在明显差异，例如，DQ324323 基因在成熟树皮中的表达水平是成熟叶片的 13.4 倍、根部的 2 258.8 倍（图 2-9）。另外，不同器官所包含的具有极端（最高或最低）表达水平的 RGA 数目也存在明显差异，根部、皮部和成熟叶片中最高表达水平的 RGA 数目分别为 1 个、7 个和 10 个，而最低水平的数目分别为 1 个、16 个和 1 个。在组织器官表达特异性方面，2 个 RGA（DQ324323 和 DQ324308）在皮部的表达水平比其它器官中的表达水平高出 2 倍以上，达到器官特异性的域值，呈现出皮部特异性；与此相似，4 个 RGA（DQ324287、DQ324332、DQ324293 和 DQ324288）的表达具有成熟叶片特异性。进一步研究发现，14 个 RGA 在地上部分的表达水平明显高于在地下部分的水平。从上述结果可以看出，RGA 基因的表达呈现出器官特异性，表明这些基因在相应器官中的生物学活性更高，可能具有器官特异的抗病功能。

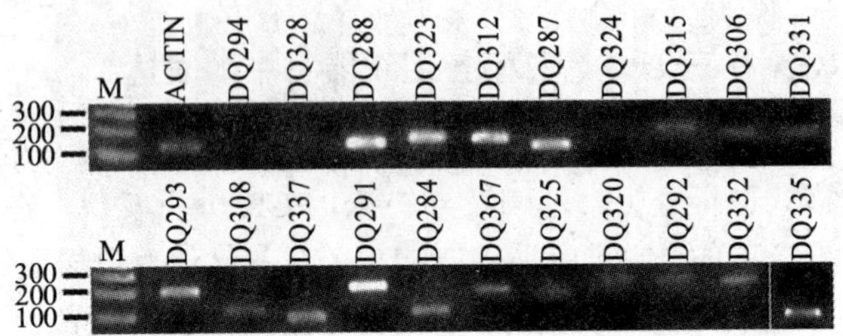

图 2-8　荧光定量 PCR 分析所用引物的特异性分析

Fig. 2-8　Specificity of quantitative real time PCR primers

RGA 简化为字母“DQ”加上基因登录号的最后 3 个阿拉伯数字，M：100 bp DNA ladder

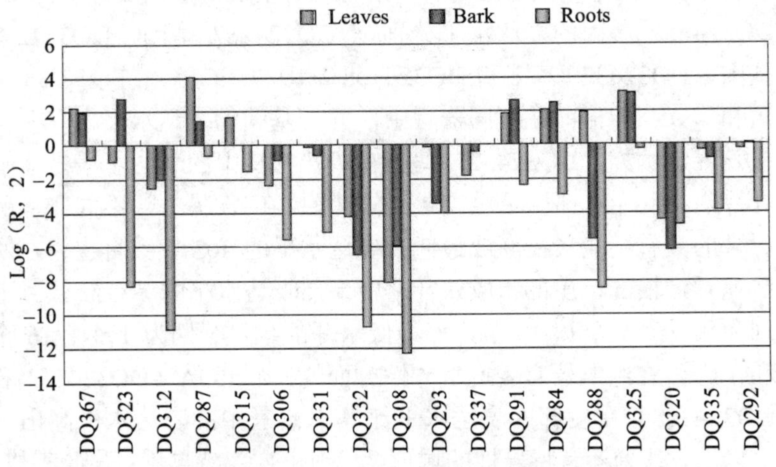

图 2-9　荧光定量法分析 18 个 RGA 在三倍体毛白杨组织器官中的表达

Fig. 2-9　Relative expression profile of the 18 NBS type RGAs in organs of triploid poplar

RGA 的转录水平表示为 $\log_2 R$，R 定义为 RGA 的绝对转录量与内参 *ACTIN* 基因绝对转录量的比值，由于计算结果是比值，所以无法显示检测结果的方差

2.3 讨论

2.3.1 三倍体毛白杨 RGA 的克隆

PCR 技术已广泛应用于许多植物抗病基因的克隆，并获得了大量的抗病基因同源序列（RGA）（Paal et al，2004；Kanazin et al，1996；Leister et al，1996；Yaish et al，2004；He et al，2004）。尽管这些基因的功能暂无法确认，但相关的遗传分析发现，许多 RGA 与已知功能的抗病基因位点紧密连锁、甚至共分离，这说明 RGA 在植物抗病育种和抗病基因研究中具有重要的参考价值和应用潜力（Collins et al，2001；Deng et al，2000；He et al，2004）。本研究运用相同的方法，从三倍体毛白杨中分离出 59 个 RGA，在 DNA 水平和氨基酸水平上分别构建它们的进化树，并将其分成多个亚家族。结果发现，两种进化树内各亚家族的 RGA 数量差异很大（图 2-5），而以 RGA 为探针进行的基因组扫描也获得了相似的结果。以 DQ324301、DQ324282 和 DQ324285 这 3 个 RGA 为例，它们均处于 DNA 进化树的亚家族 1，在毛果杨基因组内包含 35 个高度同源匹配区域，表明这个亚家族的基因成员在两种杨树基因组内均十分丰富。然而，在毛果杨基因组内，本研究分析仅得到 96 个包含 NBS 编码基因的基因组区域，它们只占全部 398 个基因的 24.1%（Tuskan et al，2006）。一方面，这可能与本研究仅挑选同源性高于 88%、且匹配长度大于 200bp 的区域来设定的同源区域的域值有关，而许多低于这个域值的匹配区域同样富含 NBS 类抗病基因（数据未列出）；另一方面，此实验结果提出一个要求，在以后的实验中，有必要扩大三倍体毛白杨 RGA 的克隆数量，以便获得更多样化的 RGA 序列，也将有利于从毛果杨基因组内检测到更多的同源匹配区域。

有研究证明，运用多倍体植物材料分离 RGA 效果更好（He et

al，2004），因为它具有多个染色体组、包含更多的基因资源。本研究以三倍体毛白杨为材料，成功地分离得到 83 个不同的序列（包含 59 个 RGA），这进一步证明了从多倍体中分离基因的优越性。另外，与普通二倍体毛白杨相比，三倍体毛白杨有 3 个基因组（Subgenome）共 57 条染色体，具有更为丰富的基因资源，有利于获得更多的抗病基因同源序列，而且三倍体毛白杨在生长性状、抗逆性（包括抗病性）、光合效率和材质等方面更为优良（Li et al，2000；Pu et al，2002；Xing et al，2002；Zhang et al，2005）。当然，RGA 分离效率与简并引物的设计紧密相关，因为引物序列在扩增反应中具有至关重要的作用。许多研究认为，运用 P-loop 基序（GGMGKTT）和 GLPL 基序设计引物组合，能更高效地扩增 RGA（Yaish et al，2004），而且扩增的特异性更强，这种方法已在多倍体棉花的研究中得到验证（He et al，2004）。本研究同样运用上述 2 个基序设计了引物，结果发现，能扩增得到大量的 RGA，进一步证明这种方法的可靠性；同时，仅获得了 1 条扩增条带，有别于其他研究所获得的多个条带（Deng et al，2000；Yaish et al，2004；He et al，2004），这说明我们在每个引物的 3′端多加 4 个碱基，可增强引物的特异性。另外，156 个供测序的克隆中包含 83 个不同的序列，占 53.2%，其中 59 个序列为 RGA，占全部不同序列中的 71.1%，此扩增效率与许多其他植物的研究结果相似（Deng et al，2000；Zhu et al，2002；Yaish et al，2004；He et al，2004），表明改造后的引物可有效提高了扩增反应的特异性，但未影响扩增的效率。

进一步分析发现，在全部 59 个 RGA 中，有 54 个 RGA（91.5%）具有完整的开放阅读框（ORF），其中 TIR-NBS 类 RGA 为 38 个（占 70.4%），明显多余 non-TIR-NBS 类 RGA，表明基因组内两大类抗病基因在数量上存在较大差异，而且 TIR 类抗病基因占多数的现象也普遍存在于 *Lens*（Yaish et al，2004）、*Medicago truncatula*（Zhu et al，2002）、烟草（Whitham et al，1994）

和拟南芥（Parker et al，1997）等植物中。

没有开放阅读框（ORF）的基因一般被定义为假基因（Pseudogene；He et al，2004）。在本研究所获得的59个RGA中有5个为假基因，占全部RGA的8.5%，明显低于多倍体棉花中假基因的百分率（24.6%）（He et al，2004），但与其他一些二倍体的植物（*Lens*、番茄、拟南芥、大豆等）的百分率相当（Yaish et al，2004；Pan et al，2000%；Meyers et al，2003；Kanazin et al，1996），这说明三倍体毛白杨基因组倍性并没有影响假基因的比率。进一步比较分析上述5个假基因后发现，有3个基因（DQ324342、DQ324319和DQ324329）是由于单核苷酸的插入删除（Indel）而造成的，其中DQ324342是由于在第268个核苷酸处插入了单个核苷酸A而改变了阅读框架；而DQ324331是由于在第74个核苷酸处缺失了核苷酸G；DQ324324是因为在第271和314个核苷酸处出现了2个终止子，但它所编码的氨基酸包含了NBS类抗病基因所有的保守基序，表明DQ324324的假基因化是由于点突变造成的。剩下的DQ324321假基因化的机制与上述4个基因明显不同，但目前还不清楚其产生的具体原因。

此外，通过数据库比对分析，初步分析了RGA的潜在功能以及在毛白杨基因组内的大致位置。不过，由于三倍体毛白杨与毛果杨基因组序列存在差异以及RGA序高度同源，暂时无法精确定义每个RGA在基因组中的具体位置。因此，在今后的研究当中，必须利用本实验室已构建的[（*P. tomentosa*×*P. bolleana*）×*P. tomentosa*]遗传连锁图谱（Zhang et al，2004），结合田间抗病试验，继续进行遗传分析，并将各RGA定位在高密度遗传图谱上，进而达到研究它们与目标病原物抗性基因位点关系的目的。

2.3.2 三倍体毛白杨RGA的进化

通常情况下，在计算基因的ω值时，往往只计算全基因的平均ω值（Nei and Gojobori，1986），而且全基因的平均ω值一般小于1，进而推断基因的进化处于纯化选择压力之下（Graham et al，2002；Yaish et al，2004；Gerrard and Filatov，2005）。然而，基因内部常有一些编码子的ω值大于 1，说明这些编码子的进化处于正向选择压力之下。Anisimova et al，（2001）曾报道，若仅计算基因的平均ω值，常检测不到这些正向选择压力作用下的编码子。因此，必须采用更多的进化分析模式，分析基因内各编码子的ω值，有助于深入分析作用于基因上的进化选择压力（Yang et al，2000）。

本研究通过计算基因异义突变与同义突变的比值发现，三倍体毛白杨 RGA 全序列的平均ω值显著小于 1，表明三倍体毛白杨抗病 *R* 基因 NBS 区的进化整体上承受着正向选择压力，这与大豆和 *Lens* 抗病 *R* 基因的研究结果高度一致（Graham et al，2002；Yaish et al，2004）。

大量研究表明，处于正向选择压力下的编码子通常为基因的功能位点，抗病基因中的正向选择位点是决定寄主与病原菌相互作用的关键位点（Mondragon-Palomino et al，2002）。因此，分析获得抗病基因的正向选择位点对于推测其潜在功能域具有关键作用。本研究运用 PAML 软件的 13 种模式对毛白杨 RGA 进行分析，结果发现，在三倍体毛白杨 RGA 中存在一些正向选择氨基酸位点，表明这些位点为毛白杨抗病基因 NBS 结构域的功能位点。但进一步用 M8 模式分析发现，亚家族 1 和 2 的 RGA 中处于显著水平以上的正向选择位点仅分别占全部编码子的 0.6%和 6.0%，而在亚家族 3 的 RGA 中，甚至没有检测到处于显著水平上的正向选择位点（图 2-7，表 2-6），这说明毛白杨 RGA 中的正向选择位点仅占全部编码子的极小一部分，而且不同亚家族 RGA 间还存在显著差异，这与拟南芥抗病基因正向选择位点的分析结果高度吻合（Mondragon-Palomino et al，2002）。就产生低概率正向选择位点的机制而言，目前已有的研究结果认为，序列的高同源性是基因重组发生的前提，基因重组（ectopic recombination）或基因转换（gene conversion）是低概率正向选择位点产生的关系因素（Mondragon-Palomino et al，2002；Mondragon-Palomino and Gaut，2005）。对毛白杨RGA进行的序列分析发现，亚家族1和3的序列具有较高的核苷酸同源性和较高的基因交换频率，而序列同源性偏低的亚家族2内的基因交换频率也相应偏低，这进一步证实了上述观点。从上述结果不难推测，三倍体毛白杨抗病基因的NBS区域中存在基因重复现象，而基因重复与基因转换在其进化过程中发挥着重要作用。

尽管植物抗病基因NBS结构域内包含的正向选择位点很少，但拟南芥抗病基因的研究结果表明，抗病基因全部116个正向选择位点中，有高达82个位点处于LRR结构域中，占到70%，表明LRR结构域的编码子处于强烈的正向选择压力之下，为抗病基因的主要功能位点。这些结果表明，TIR-NBS-LRR抗病基因的不同结构域处于不同的进化选择压力之下，其中纯化选择压力作用于NBS结构域，而正向选择压力作用于LRR和TIR等结构域，并且决定着植物与病原物的共进化以及新的抗病特异性的产生与选择（Ellis et al，2000；Baumgarten et al，2003；Graham et al，2002）。

2.3.3 三倍体毛白杨RGA的相对表达

尽管目前没有研究报道抗病基因的表达水平与作用目标病原物侵染部位的具体关系，但Graham et al,（2002）在研究大豆白粉病（Powdery mildew resistance）抗病基因时发现，12号基因只在成熟叶片中表达，而不在嫩叶中表达，这与病害发生部位完全一致，因而推测12号基因可能是白粉病的目标抗病基因（*Rmd*）。毛白杨与病原物的相互作用研究发现，大多数病原物的侵染具有器官或组织特异性，例如，由马格栅锈菌（*Melampsora magnusiana* Wagner）引起的叶锈病只发生在叶片或嫩枝部位，

由 *Botryosphaeria ribis* Tode 引起的溃疡病只发生在树干部位等（周仲铭，2000）。因此，研究毛白杨 RGA 的表达特性，一方面可有利于揭示这些基因是否具有生物学功能，另一方面将有助于鉴定它们可能具有的抗病功能。表达研究发现，序列差异显著的 21 个 RGA 中有 18 个在三倍体毛白杨中呈组成型基因表达，占 85.7%，说明大部分毛白杨 RGA 在体内具有生物学功能。而对于其他 RGA，由于 NBS 结构域高度同源，无法设计基因特异引物，进而难以研究它们的表达特性。因此，在今后的研究中，应该开展相关的研究，分离各 RGA 的全长基因序列，利用基因特异区域设计引物，进而研究它们的表达特性。基因表达的定量分析发现，在同一组织器官中，不同毛白杨 RGA 的表达水平存在显著差异，说明各 RGA 在毛白杨体内的生物学活性也存在显著差异；而同一基因在不同组织器官中具有显著不同的表达水平则说明毛白杨抗病基因的作用具有组织器官特异性。另外，2 个 RGA 的表达具有皮部的特异性，4 个 RGA 具有成熟叶片特异性，14 个 RGA 具有地上部位的特异性，这些表达水平具有器官特异性的 RGA 可能与器官特异的生物学功能紧密相关，极有可能与目标器官保护、免受器官特异的病原物侵袭、或者直接参与器官特异病原物的抗病反应等有关，但有待进一步的研究证实。

3 毛白杨抗锈病基因的克隆与功能分析

农作物抗病基因的克隆与功能鉴定研究起步早，进展迅速。自 1992 年克隆到第一个抗病 *R* 基因（Johal et al，1992）至今，已从拟南芥、烟草、亚麻、番茄、水稻、甜菜、辣椒、玉米、大麦等 10 多种农作物中克隆得到 40 多个 *R* 基因（张祥喜等，2003）。但相比之下，树木抗病基因的研究较为落后，虽从苹果、杨树和柚等树木中分离得到与已知抗病 *R* 基因具有类似结构与功能的基因，但仍然没有克隆出功能已知的树木抗病 *R* 基因；而且大多数研究主要是利用分子标记构建遗传连锁图谱，进而寻找抗病数量性状位点、质量性状位点以及抗病基因同源序列，这已在杨树、柑桔、柚、可可树、松树、橡胶树、苹果、李树、棕榈树等重要造林树种和经济树种中取得了一定进展（张谦等，2005）。目前有关毛白杨（*P. tomentosa* Carr.）的抗病研究仍然十分薄弱，尤其是毛白杨抗锈病研究，该病主要由马格栅锈菌 *M. magnusiana* Wagner 引起，它主要危害毛白杨的叶片、嫩枝和芽，在发病部位形成大型枯斑，诱导受侵害叶片提早落叶，使病叶和病芽枯死，影响杨树的生长，增加冬季受损伤和感染其他病害的几率，甚至导致整株死亡（周仲铭，2000），同时它还能危害新疆杨（*P. bolleana* Lauche）、河北杨（*P. hopeiensis* Hu et Chou）、山杨（*P. davidiana* Dode）、银白杨（*P. alba* L.）等白杨派树种，已成为一种普遍而严重的病害，凡有白杨派树种栽植的地区，几乎都有发生，其中河南、河北、山东、内蒙古、山西、陕西等省（区）较为严重。有关毛白杨锈病的研究仅在 20 世纪 80 年代以前开展过，研究内容仅涉及病原菌形态特征（袁毅，1984）、锈孢子萌发生理（沈瑞祥等，1979a 和 1979b）、锈孢子活体接种（沈瑞祥等，1989）以及接种后杨树体内保护酶变化分析（魏益宁等，1984）等，而在抗病遗传资源筛选、抗病品种选育、抗病基因定位与克隆方面还是一片空白，这远远落后于国外此领域的相关研究，也与毛白杨生产中迫切期待解决叶锈病危害的需求形成了鲜明的反差。目前还无法针对抗病性状进行杂交试验获得分离群体，无法进行抗病目的基因的定位，也无法采用常规的图位克隆法（Map-based cloning）或转座子标签法（Transposon tagging）分离毛白杨锈病抗性基因。

为了克隆毛白杨锈病抗性相关基因，本研究以先前克隆的三倍体毛白杨 RGA 为电子探针，运行 BLAST 程序，从 NCBI 与杨树 EST 数据库中搜索与杨树抗锈病基因高度同源的 RGA，并克隆该 RGA 的全长 cDNA 序列，分析其基因家族在基因组中的拷贝数及表达特性；同时，进行原核表达分析以及烟草和杨树的遗传转化研究，开展转化植株的抗病试验，初步鉴定抗病相关基因的功能。

3.1 材料与方法

3.1.1 植物材料

以三倍体毛白杨无性系 L9 为试材，繁殖方法详见第 2 章。

3.1.2 总 RNA 的提取与毛白杨锈病抗性相关基因的分离

总 RNA 的提取与 cDNA 的制备见第 2 章。DQ324288 基因的 5′和 3′端序列采用 RACE 方法分离，具体实验步骤详见 BD SMART^{TM} RACE cDNA Amplification Kit（Clontech，Palo Alto，CA，USA）。依据 DQ324288 的核苷酸序列，设计 RACE 反应两端所需的基因特异引物（GSP）和筛选特异引物（NGSP），5′端

扩增所用引物为 GSP1 和 NGSP1，3′端所需引物为 GSP2 和 NGSP2（表 3-1）。所获得的 PCR 扩增产物用 pGEM-T 载体系统（Promega）克隆，然后送交测序公司测序，测序方法同第 2 章。依据扩增产物 5′与 3′端序列设计末端特异引物，将引物两两组合，用高保真 *Pfu* 酶进行基因特异的 PCR 扩增反应，确定各基因的 5′与 3′端序列组合，*Pfu* 酶扩增体系基本同 *Taq* 酶体系，只是 dNTP 浓度增大 3 倍；最终获得 2 个基因，分别命名为 *PtDRG*01 基因与 *PtDRG*02 基因。

表 3-1　本研究的 PCR 检测所用引物

Table 3-1　Oligonucleotide primers for PCR used in this study

引物 Primer	核苷酸序列（从 5′到 3′） Nucleotide sequence（from 5′ to 3′）	扩增片段长度 Amplified fragment（bp）
GSP1	TTCAGCTGTTCCGGATGAGCCACAT	
NGSP1	GACGAATTCGCTCTTTGATCAG	
GSP2	GGATGCCAGGAATAGGAAAGACGACA	
NGSP2	C ATCCGGAACAGCTGAATGCATTG	
N10	Forward：TAGCAAAAGTTGTATTTAATCAACTCT	
	Reverse：CTTTCGAGTTATATTAGAAGACGACCG	
18S rRNA	Forward：CTGCCCGTTGCTCTGATGATTCA	
	Reverse：CCTTGGATGTGGTAGCCGTTTCT	
Pt01ProU	CATGCCATGGGTATGCAGAAAGAAAAACGCAAGCAA	
Pt01ProD	CCGCTCGAGTCAGCCCAAGATAAAATCAGATGG	
Pt02ProU	CATGCCATGGGTATGGCAGAACCAGAGTCTTCTCGT	
Pt02ProD	CCGCTCGAGCTATCCAGGTTCTTTTGGAGACGA	
Pt01Exp	Forward：TCCTTGCGGAAGAGAAGAAA	208
	Reverse：CATCTCGAAAAGTGCGGATT	
Pt02Exp	Forward：ACCCCATTTCTCCGATTCA	216
	Reverse：CTGCATCATCTAAGGCAGCA	
Pt01-Gus	Forward：AGAGTTGATGTGGATTTGTTGGC	
	Reverse：TAGAGCATTACGCTGCGATGGAT	

引物 Primer	核苷酸序列（从 5′到 3′）Nucleotide sequence（from 5′ to 3′）	扩增片段长度 Amplified fragment（bp）
Pt01EukU	TCCCCCGGGGATGCAGAAAGAAAAACGCAAGCAA	
Pt01EukD	CCGCTCGAGCGGTCACATAATGGTAATGAGATCTTCGA	
RNAi-Sense	Forward：GAGGATCCAGATGGTGTCTCAATGAACTTGTAG	
	Reverse：GCAAGCTTCCTGCTCATAGACAAAAGCCAGTCA	
RNAi-Anti	Forward：GCAAGCTTCCCATTTTCCATATCATTAAGATTCC	
	Reverse：TCGAGCTCAGATGGTGTCTCAATGAACTTGTAG	
T-Actin	Forward：CTGCTGGAATTCACGAAACA	181
	Reverse：GCCACCACCTTGATCTTCAT	
TMV-Coat	Forward：GTTAGGTTCCCCGACAGTGA	179
	Reverse：ACCGTTGCGTCGTCTACTCT	
35SPro	Forward：GCTAACCCACAGATGGTTAGAG	
	Reverse：CGAGGAGGTTTCCGGATATTAC	
Pnpt-II	Forward：TGAATGAACTGCAGGACGAG	171
	Reverse：ATACTTTCTCGGCAGGAGCA	

3.1.3 三倍体毛白杨材料的诱导处理

诱导处理所用材料为抗病三倍体毛白杨无性系 L9，杨树材料采用嫁接方法繁殖，繁殖材料均栽种在塑料盆中，放置在北京林业大学温室中。杨树材料的采集与诱导处理均在相同时期进行。

为了研究非生物逆境对抗病基因表达的影响，本研究选择树龄为 6 个月的三倍体毛白杨做研究材料，向树冠第 4～15 片叶喷洒甲基茉莉酸溶液（Methyl jasmonic acid，MeJA）和水杨酸溶液（Salicylic acid，SA）。MeJA（购自 Sigma 公司，95%）和 SA 的稀释方法参考 Cheng et al,（2006）。对照为双蒸水（ddH_2O）处理的叶片。伤处理采用钳子夹叶片表面和边缘部分，造成机械创伤。在上述 3 种方法分别处理 6 h、12 h、24 h 和 48 h 后，分别采集叶片。暗处理方法为将组培苗放置在暗盒中，置于 27℃的恒温培养箱中，处理 60 h 和 196 h 后，分别采集叶片。

在研究生物逆境胁迫下杨树抗病基因表达响应中，本研究以相容的（Compatible）野生型根癌农杆菌（*Agrobacterium tumefaciens*）接种三倍体毛白杨组培苗茎段，处理 60 h 和 10 天后分别采集侵染材料。用组培苗处理是为了尽量减少外部环境对基因表达的影响，选择幼苗茎段为处理对象是因为根癌农杆菌仅侵染杨树树干。

3.1.4 毛白杨锈病抗性相关基因的活体表达研究

DQ324288 基因的表达采用半定量 RT-PCR 分析方法，RT-PCR 反应采用 Access RT-PCR System（Promega）进行，内参基因为 18s rRNA，基因特异引物分别为 18S rRNA 和 DQ324288（表 3-1）。*PtDRG*01 基因与 *PtDRG*02 基因的表达采用荧光定量 PCR 方法，所需引物分别为 Pt01Exp 与 Pt02Exp（表 2-1），定量 PCR 分析方法、步骤同第 2 章。

3.1.5 毛白杨锈病抗性相关基因的原核表达研究

依据 *PtDRG* 基因编码区域的起始端和终止端序列分别设计基因特异引物，并在引物两端分别添加 *Nco* I 和 *Xba* I 两个酶切位点的核苷酸序列。*PtDRG*01 基因特异的引物为 Pt01ProU 和 Pt01ProD，*PtDRG*02 基因的特异引物为 Pt02ProU 和 Pt02ProD，详细序列见表 3-1。*PtDRG* 全长基因由特异 PCR 扩增获得，然后经过酶切、连接反应克隆进入原核表达载体 pGEX-KG，最后将重组载体转化至原核表达细胞 XA90，用带氨苄霉素（50 mg/ml）的 LB 培养基培养。运用基因特异的 PCR 扩增，从中筛选阳性克隆菌落（图 3-7）。对阳性菌株进行 IPTG 诱导实验，分别检测不同诱导温度下（25℃、30℃、37℃）与不同诱导时间（1 h、2 h、3 h、4 h、5 h）的表达变化，具体操作详见林元震（2006）。

诱导结束后，室温 12 000 r/min 离心 2 min，沉淀细菌，随后用 200 μl 2×SDS 凝胶加样缓冲液重新悬浮细菌，100℃沸水裕 5 min，12 000 r/min 离心 10 min，分别取 30 μl 上清液上样于 10% 的 SDS-PAGE 中，进行电泳分离，电泳条件详见林元震，(2006)。

3.1.6 总 DNA 的提取与 Southern 杂交分析

基因组 DNA 的提取方法同第 2 章。Southern 杂交开始之前，先将 10 μg 基因组 DNA 用 4 种内切酶（*BamH* I、*EcoR* I、*Hind*III 和 *Xba* I，Promega）37℃酶切过夜。酶切产物用 0.9%（w/v）琼脂糖凝胶电泳缓慢分离，通过虹吸法（Sambrook et al，1989）转移至 hybond-N$^+$ 尼龙膜（Amersham），用 HL-2000 HybriLinker（UVP）紫外铰链固定。*PtDRG* 基因的探针为 1 段 486bp 的外显子序列，其对应的 DNA 序列中无内含子，是 2 个基因特异同源区域。探针的制备、预杂交、杂交以及随后的检测采用 DIG High Prime DNA Labeling System and Detection Starter Kit I（Roche）进行，具体操作步骤详见产品说明和 Zhang et al，(2005) 的报道。

3.1.7 烟草遗传转化

以 pBI121 载体为模板，构建了 *CaM35S*::*PtDRG*01 双元表达载体，并转化进入农杆菌（*A. tumefaciens*）LBA4404 中，构建载体所用的酶切位点为本研究添加的 *Sma* I 和 *Sac* I，引物序列为 Pt01EukU 和 Pt01EukD（表 3-1）。转化菌用 LB 培养基（10 g/L NaCl + 5 g/L yeast extract + 10 g/L tryptone + 100 mg/L Kanamycin + 100 mg/L Streptomycin）培养，阳性克隆菌落筛选采用基因特异的 PCR 扩增（图 3-9），并于 28℃摇菌繁殖备用。

烟草遗传转化参考林元震，(2006) 和 Wang et al，(2006) 介绍的方法。选择无菌苗上部充分展开的绿叶，用剪刀从垂直叶脉方向横切 2～3 个深达主脉的切口，然后接种在分化培养基（MS + 0.3 mg/L NAA +1.0 mg/L 6-BA）上，预培养 48 h。用液体培养基扩繁携带重组质粒的农杆菌至 OD = 0.06，侵染预培养烟草叶片 10 min，用滤纸吸干多余菌液，置分化培养基中，室温暗培养 48 h，然后转移至筛选培养基（MS + 0.1 mg/L NAA + 1.0 mg/L 6-BA + 100 mg/L Kanamycin + 300 mg/L Cefotaxime）中，继续培养 20～30 d 后，叶片上萌发出大量的卡那霉素抗性芽。当抗性芽长至 2 cm 左右，将其转移至生根培养基（MS + 100 mg/L Kanamycin + 300 mg/L Cefotaxime）中。2～6 周后，将生根苗转移至土壤中，为后来的外源基因整合、表达研究以及抗病试验做准备。

采集多个转基因无性系叶片，参照第 2 章介绍的方法提取基因组 DNA 和总 RNA，进行 2 组基因特异引物的 PCR 检测、RT-PCR 分析以及荧光定量 PCR 分析，检测外源 *PtDRG*01 基因的整合与表达水平，PCR 检测所需引物为 Pt01-Gus 和 Pt01Exp（表 3-1），RT-PCR 分析与荧光定量 PCR 检测所用引物为 Pt01Exp（表 3-1），检测反应的操作方法同第 2 章。

3.1.8 转基因烟草的病毒接种试验与检测

烟草花叶病毒（Tobacco mosaic virus，TMV）毒源由中国农科院王锡峰研究员提供。带毒叶片浸在 PBS 缓冲液中，用研钵反复研磨成匀浆，4 000 r/min 低速离心，吸取上清做毒源。参照杜国英等，(2004) 介绍的方法，对 10 个转基因系号烟草进行病毒接种，每个系号重复 3 次。接种 7 天后，从每个转基因系号的 3 个单株上收集感病叶片，并将样品叶片混合，迅速置液氮中速冻，然后采用 SV Total RNA Isolation Kit（Promega）分离感病叶片总 RNA，用 SuperScript™ III Platinum Two-Step qRT-PCR Kit with SYBR Green（Invitrogen）进行反转录和荧光定量 PCR 分析。定量分析的内参基因为烟草 *ACTIN* 基因，其引物序列为 T-Actin（表 3-1）。TMV 检测所用引物来自外壳蛋白基因外显子序列，引物为 TMV-Coat（表 3-1）。荧光定量分析的操作步骤同第 3 章。为了将烟草中的 TMV 定量标准划，本研究首先分析各转基因无性系内 TMV 外壳蛋白基因与烟草 *ACTIN* 基因转录的绝对量，然后以二者的比值对各转基因无性系中 TMV 的数量进行相对定量。

3.1.9 *PtDRG* 基因 RNA 干扰载体的构建与三倍体毛白杨遗传转化

依据 *PtDRG* 基因的 cDNA 序列与 *PtDRG02* 基因的 DNA 序列，从 *PtDRG* 基因高度同源区选择了 1 段 243 bp 的外显子、1 段 111 bp 的内含子以及 pBI121 载体，构建了 *PtDRG* 基因的 RNA 干扰表达载体（图 3-15），并将其导入大肠杆菌（*E. coli*）Top10 中。构建载体所用的酶切位点为本研究添加的 *Sma* I 和 *Sac* I，引物序列为 RNAi-Sense 和 RNAi-Anti（表 3-1）。转化菌用 LB 培养基 37℃培养、繁殖，并采用高纯度质粒小量提取试剂盒提取重组质粒 DNA，为遗传转化做准备。遗传转化受体为三倍体毛白杨抗病无性系 L9，遗传转化采用基因枪法，具体操作步骤参考王建革，(2006)。取无菌苗上部充分展开叶片，用剪刀从垂直叶脉方向横切 2～3 个深达主脉的切口，接种在分化培养基（MS + 0.1 mg/L NAA+ 2.0 mg/L 6-BA）上，预培养 4 天，然后进行基因枪轰击。轰击器为 BioRad PDS-1 000/He 基因枪系统，金粉直径为 1 μm，轰击压力为 1 100 psi（1 psi=6 894.76 Pa），轰击距离为 9 cm，真空度调节为 25 英寸 Hg。轰击后，将叶片置分化培养基中，室温培养 5 天，然后转移至筛选培养基(MS + 0.1 mg/L NAA + 2.0 mg/L 6-BA + 30 mg/L Kanamycin）中，继续培养 20～30 d，叶片上萌发出大量的卡那霉素抗性芽。当抗性芽长至 2 cm 左右，将其转移至继代培养基（MS + 0.1 mg/L NAA + 0.3 mg/L 6-BA + 30 mg/L Kanamycin）中继续筛选培养，2 周后转移至生根培养基（1/2 MS+ 0.3 mg/L IBA + 25 mg/L Kanamycin）中生根，为后来的外源基因检测做准备。

采集转基因无性系叶片，参照第 2 章介绍的方法提取基因组 DNA。依据 pBI121 载体启动子区域设计引物 35Spro，依据 *NPT* II

基因设计引物 Pnpt-II（表 3-1），分别进行基因特异的 PCR 分析，检测外源基因的整合，检测反应的操作方法同第 2、3 章。

3.2 结果与分析

3.2.1 毛白杨锈病抗性相关基因的克隆与分析

以先前克隆的三倍体毛白杨 RGA 为探针，运行 BLAST 比对分析，搜索 NCBI 与杨树 EST 数据库，筛选到 1 个 RGA（DQ324288），它与美洲黑杨（*P. deltoides* S9-2）锈病抗性位点（*Melampsora* Resistance Locus，*MER*）的基因组 DNA 序列（AJ416708）以及其中的 60I2G11 基因的同源性高达 93.0%（Lescot et al，2004），依据不同种杨树的同源基因高度相似的特点，初步推测 DQ324288 基因可能与毛白杨锈病抗性紧密相关，为毛白杨锈病抗性位点的候选基因。PCR 与 RT-PCR 分析后发现，DQ324288 基因在 28 个毛白杨杂种无性系中均存在同源基因（图 3-1），在抗病无性系 L9 的叶片中高效稳定表达，而且转录产物的长度与其基因组 DNA 长度相同，表明 DQ324288 为全外显子区域。

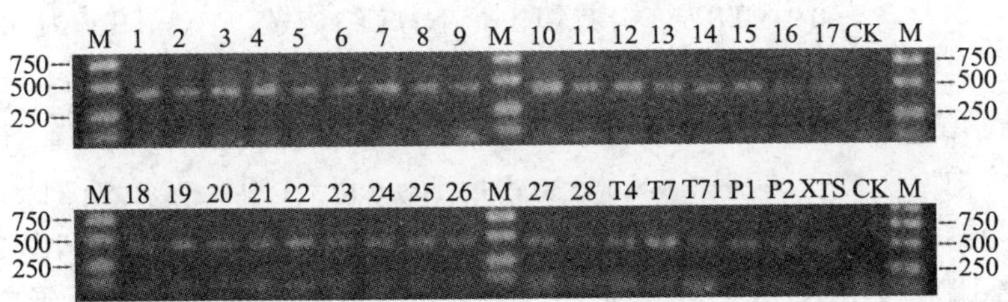

图 3-1 PCR 分析毛白杨 DQ324288 基因在各毛白杨无性系中的同源基因

Fig. 3-1 PCR analysis of homologou genes of DQ324288 gene in multiple clones of poplars

1-28：毛白杨杂种无性系，T7 和 T71：转 *CpTI* 基因三倍体毛白杨，XTS：叶锈病高感二倍体毛白杨，CK：阴性对照，P1：二倍体毛白杨，P2：毛新杨，M：2-kb DNA ladder

用 DQ324288 基因在杨树基因组数据库中进行 BLAST 分析，所得结果与 DQ324228 基因的分析结果完全相同。它在基因组的 6 个位点（Scaffold）中共有 10 个高度同源区域，同源性在 89.12%～93.28%之间，而且每个位点均包含 1 个编码 NBS 结构域的基因（表 2-2，图 4-3）。

以 DQ324288 序列为基础的 RACE-PCR 分析获得 2 个 5′端 cDNA 序列和 2 个 3′端 cDNA 序列，进而通过 cDNA 末端特异的 RT-PCR 分析，获得了 2 个全长基因，分别命名为 *PtDRG*01 基因（EF157840）与 *PtDRG*02 基因（EF157841），它们的长度分别为 2 324 bp 和 1 698 bp，分别编码 678 和 509 个氨基酸，其对应分子量分别为 79 ku 与 58 ku。2 个基因蛋白编码区核苷酸序列同源性为 85.3%，氨基酸同源性为 80.2%，而非编码区核苷酸序列同源性仅为 39.0%（图 3-2）。另外，毛白杨 *PtDRG*01 基因和 *PtDRG*02 基因与美洲黑杨 60*I*2*G*11 基因的同源性分别为 74.4% 和 81.2%，这明显小于基因间 NBS 结构域的同源性，表明三倍体毛白杨 *PtDRG* 基因与美洲黑杨 60*I*2*G*11 基因的非 NBS 区域存在较大的序列差异。

进行 Pfam 蛋白数据库比对分析后发现，2 个基因的蛋白序列均包含有 1 个 TIR 结构域和 1 个 NBS 结构域，在 PtDRG01 中还发现了 2 个β-螺旋/β-转折结构基序（β-strand/β-turn structural motifs）序列 XXLXLXX（其中 X 代表任意氨基酸），这是 LRR 结构域所特有的基序（Kobe and Deisenhofer 1994，Kajava et al. 1995），表明 *PtDRG*01 基因为 TIR-NBS-LRR 类抗病基因，*PtDRG*02 基因为 TIR-NBS 类抗病基因。另外，与美洲黑杨 60I2G11 蛋白相似，PtDRG01 蛋白 5′端也存在 1 个双向细胞核定位序列（Bipartite nuclear localization sequence，NLS）（图 3-2）。

进一步的 BLAST 比对分析发现，本研究所获得的毛白杨 *PtDRG* 基因与 NCBI 及杨树 EST 数据库中已登录的大量植物（其中包括 *P. trichocarpa*、*P. deltoides*、*P. balsamifera* subsp

Trichocarpa 以及 *P. tremula* 等多种杨树）的 NBS 类抗病基因及 RGA 之间存在高度同源；另外，PtDRG01 蛋白与许多功能已知的植物抗病蛋白、尤其是烟草花叶病毒抗病蛋白 N（BAB11635；Asamizu et al，1998）之间存在着较高的同源性。上述结果表明毛白杨 *PtDRG* 基因与抗病有关。

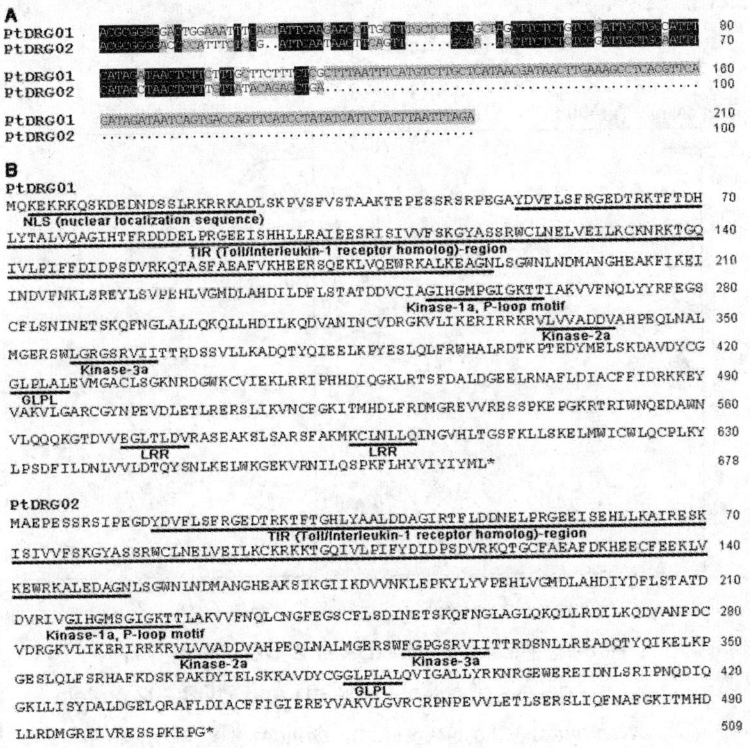

图 3-2　三倍体毛白杨 *PtDRG*01 与 *PtDRG*02 基因编码氨基酸序列

Fig. 3-2　The deduced amino acid sequences of *PtDRG*01 gene（EF157840）and *PtDRG*02 gene（EF157841）from the white poplar.

A：基因 5’端非编码区核苷酸序列比对，B：PtDRG01 与 PtDRG02 氨基酸序列，

*：终止密码子

生物信息学分析发现，毛白杨 *PtDRG*01 和 *PtDRG*02 基因所编码的蛋白其等电点（pI）分别为 8.165 和 10.325（图 3-3），而且亲水性氨基酸占绝大部分，说明它们所编码的蛋白为亲水性、碱性抗病蛋白（图 3-4）。另外，蛋白二级结构中存在大量的α-螺旋、β-折叠、卷丝、柔韧区（Flexible region）和抗原决定簇（antigenic determinant）。

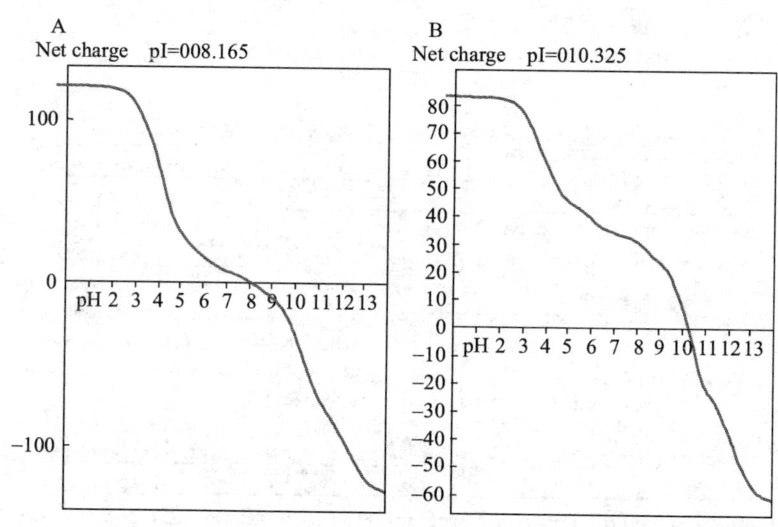

图 3-3　PtDRG01 与 PtDRG02 蛋白等电点分析

Fig. 3-3　Analysis of pHi of PtDRG01 and PtDRG02 protein

A：*PtDRG*01 基因的编码蛋白，B：*PtDRG*02 基因的编码蛋白

为了检测 *PtDRG* 家族基因在三倍体毛白杨基因组内的组成，本研究基因家族特异进行了 Southern 杂交分析。从图 3-5 可以看出，基因组 DNA 经过 4 种内切酶消化后，呈现出各不相同的带型，杂交带的长度与数量也存在较大差异；各杂交带分布在泳道的不同位置，长度从 2.0 kb 到 20.0 kb 不等，每条泳道上的

杂交信号从 3 条至 9 条不等。由于探针序列内存在 8 个 *Hind*III 酶切位点，而不存在 *Bam*HI、*Eco*RI、*Xba* I 酶切位点，因此 *Bam*HI、*Eco*RI、*Xba* I 酶获得的杂交结果更能反映出 *PtDRG* 家族基因的真实数量。同时，鉴于基因组内的 *Xba* I 的酶切位点稀少，由此可推测，三倍体毛白杨基因组内可能存在 7～8 个 *PtDRG* 家族基因成员。

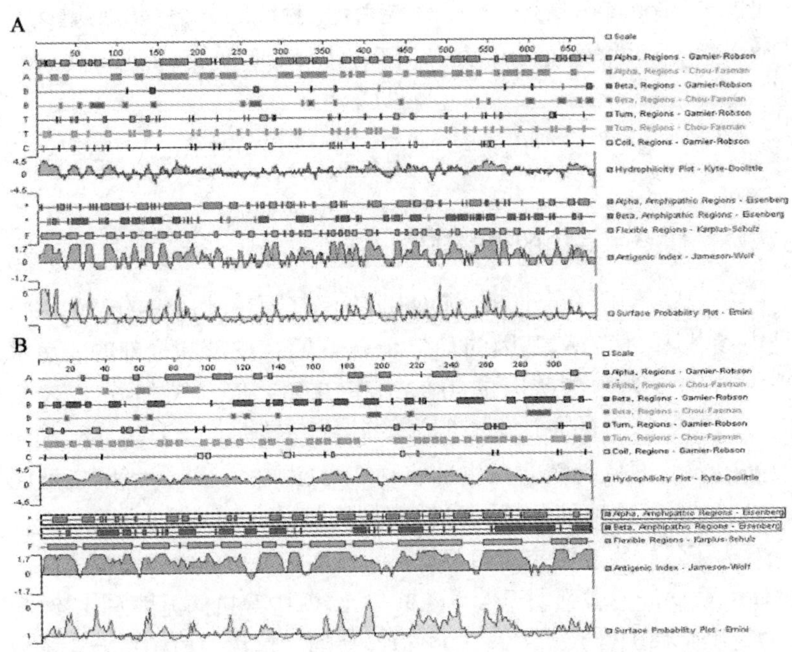

图 3-4 PtDRG01 与 PtDRG02 蛋白二级结构分析

Fig. 3-4 Analysis of secondary structure of PtDRG01 and PtDRG02 protein

A：*PtDRG*01 基因的编码蛋白，B：*PtDRG*02 基因的编码蛋白

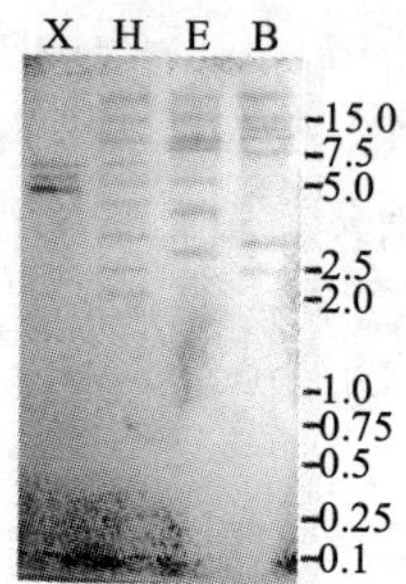

图 3-5　Southern 杂交分析三倍体毛白杨无性系 L9 中的 *PtDRG* 基因

Fig. 3-5　Southern analysis of *PtDRG* gene family in the triploid poplar clone L9

B：*Bam* HI，E：*Eco* RI，H：*Hind* III，X：*Xba* I

3.2.2 抗病相关基因的表达研究

第 2 章的研究已证实，DQ324288 基因在叶片中的表达水平是内参基因 *ACTIN* 基因的 3.788 倍，而在皮部和根部的表达水平则分别仅为内参基因的 0.022 和 0.003 倍（图 3-6），表明 DQ324288 基因的表达具有明显的叶片特异性。DQ324288 基因的高效表达部位与锈病发生部位存在对应关系，进一步间接证明 DQ324288 基因可能与毛白杨锈病抗性相关。

为了进一步探索抗病相关基因的表达与抗锈病能力的相关性，本研究抗病能力较强的无性系 L9 与 L7、中等抗病无性系 L18 与 L27、高感病无性系 L5 与 L25 以及普通二倍体毛白杨与毛新杨为试材，对其叶片中抗病相关基因的表达水平进行分析。结果发现，DQ324288 基因在抗锈病无性系 L9 与 L7 中具有较高的表达水平，在中等抗病无性系中的表达水平次之，而在高感病无性系中的表达水平十分微弱，甚至无表达。另外，在毛新杨中也有中等水平的表达，而在普通二倍体毛白杨中则没有检测到它的表达。这些结果表明，DQ324288 基因的表达水平与毛白杨无性系的抗病能力呈正相关，这进一步证实 DQ324288 基因与毛白杨锈病抗性密切相关；三倍体毛白杨子代的抗病性可能来自毛新杨，并非是毛白杨。

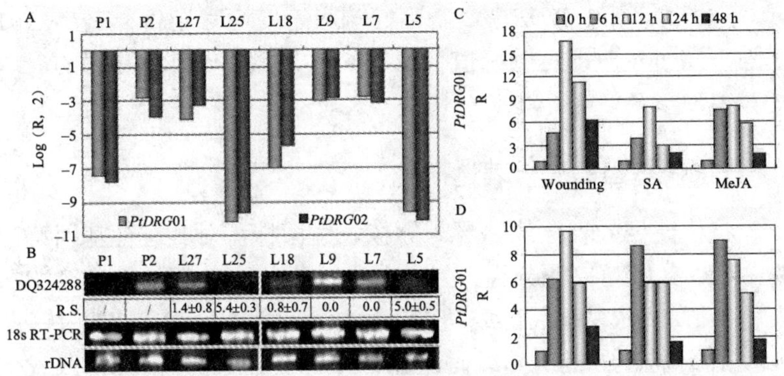

图 3-6 *PtDRG* 基因与 DQ324288 基因在三倍体毛白杨中的表达分析

Fig. 3-6 Expression analysis of *PtDRG* gene family in triploid poplars and their parents

A-B：*PtDRG* 基因在与多个无性系中的定量表达分析，处理方法同第 2 章，B：DQ324288 基因在与多个无性系中的半定量表达分析，R.S.：无性系发病的病程指数，C-D：三倍体毛白杨 *PtDRG* 基因响应逆境胁迫后的表达变化

在获得毛白杨抗病基因全长序列的基础上，本研究分析了 2 个 *PtDRG* 基因在各无性系叶片内的表达水平。从图 3-6 可以看出，它们在各无性系叶片中的表达水平接近，而且与 DQ324288 基因的表达具有相似特性，即抗病能力强的无性系具有更高的表达水平，而感病程度越高的无性系包含的转录子水平越低；但不同的是，*PtDRG* 基因在所有无性系的表达水平都显著低于内参基因及 DQ324288 基因，这些数据说明，DQ324288 基因家族可能具有多个抗病基因成员，而 *PtDRG*01 与 *PtDRG*02 基因仅为其中的 2 个。另外，诱导试验发现，2 个 *PtDRG* 基因对暗培养与农杆菌处理没有响应（数据未列出），但是对伤诱导、MeJA 和 SA 诱导的响应非常明显。伤处理后，2 个基因的表达水平显著上调，

在诱导 12 h 时达到峰值，然后逐渐降低；MeJA 与 SA 诱导处理后的结果与伤诱导结果相似，而且 2 个基因的响应程度也较接近，但相比之下，*PtDRG*02 基因的响应速度均明显高于 *PtDRG*01 基因，在 6 h 时即达到峰值（图 3-6），表明 *PtDRG* 基因的表达受 MeJA 与 SA 共同调控。

3.2.3 抗病基因的原核表达研究

将构建好的表达载体导入原核表达菌株，对其进行基因特异的 PCR 分析与电源分离，发现目的区域均存在特异扩增产物，表明外源 *PtDRG* 基因已成功导入原核表达载体 pGEX-KG 中（图 3-7）中。构建好的载体编码区包含外源 *PtDRG* 基因和一段载体自身的编码基因，其表达后产生融合蛋白包含载体自身基因编码约为 20 ku 的谷光甘肽转移酶（Glutathione S-transferase，GST），因此 *PtDRG*01 基因与 *PtDRG*02 基因原核表达产物的分子量应该为 99 ku 和 78 ku。采用 1 mmol/L 的 IPTG 诱导转化菌株，提取总蛋白，进行 SDS-PAGE 分析，结果如图 3-8 所示，无表达载体的泳道没有出现特异条带，而仅包含载体序列但无外源基因的泳道出现 1 条约 20 ku 的特异条带，表明表达菌株可高效表达产生 GST 蛋白；包含外源基因的泳道出现了 1 条大片段的特异条带，其分子量与预测分子量基本一致，表明融合蛋白在表达菌株中得到了高效稳定表达，且外源基因具有完整的表达框，这与预期结果一致。另外，通过分析 IPTG 不同诱导时间对表达量的影响时发现，融合蛋白的表达量随时间的推移呈逐渐增加趋势，*PtDRG*01 基因的表达量在第 4 h 时达到在最大量，随后保持稳定状态，而 *PtDRG*02 基因的表达随时间推移一直增加，到第 5 h 时仍然保持增加趋势。同样，随着诱导温度的升高，外源基因的表达量也逐渐增加，37℃可诱导蛋白最大表达，表明诱导温度对外源基因的表达量具有很大影响。这些数据表明，*PtDRG* 基因的最佳表达条件是 37℃下用 1 mmol/L 的 IPTG 诱导 4 h。

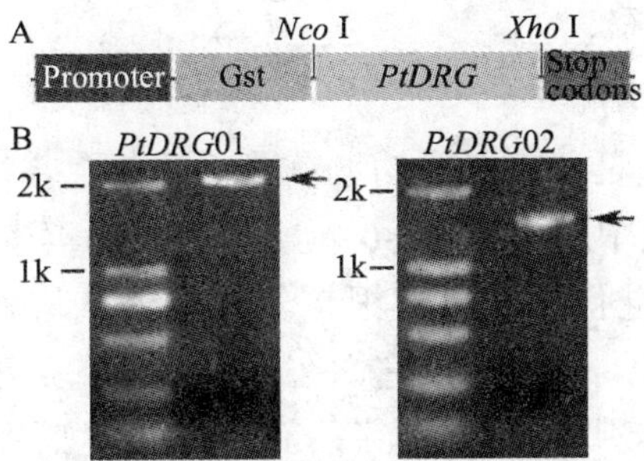

图 3-7　*PtDRG*01 与 *PtDRG*02 基因原核表达载体构建

Fig. 3-7　Contruction of expression vector with *PtDRG*01 and *PtDRG*02 gene for prokaryotic expression analyses

A：*PtDRG* 基因的原核表达载体，B：PCR 分析 *PtDRG* 基因的重组质粒与转化菌株

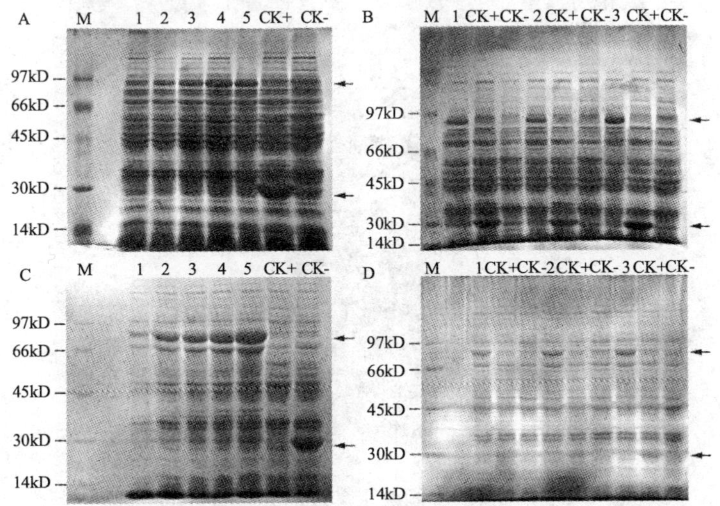

图 3-8　SDS-PAGE 分析 *PtDRG* 基因在原核细胞中的表达

Fig. 3-8　Exression analyses of *PtDRG* gene in *E. coli* by SDS-PAGE

A-B：*PtDRG*01 基因的原核表达研究，C-D：*PtDRG*02 基因的原核表达研究，A 与 C 中的 1-5：IPTG 诱导时间（h），B 与 D 中的 1-3：诱导温度，分别为 25℃，30℃和 37℃，CK-：无质粒的表达菌株，CK+：仅含 pGEX-KG 载体无外源基因的转化菌株，M：97 ku 蛋白 Marker

3.2.3 *PtDRG*01 基因转化烟草的研究

本研究通过农杆菌介导的烟草遗传转化，获得了大量的卡那霉素抗性芽。从中随机挑选 50 颗生长健壮的再生芽（编为 Pt01-Pt50），并通过继代培养与生根培养进行繁殖与壮苗。对照为未经农杆菌侵染的烟草叶片，它们在筛选培养基上培养 4 周后，不仅没有萌发出卡那霉素抗性芽，而且叶片逐渐发白而失去生命力。为此，本研究将预培养叶片置于无抗生素的分化培养基中培养而产生再生芽，通过再生芽繁殖所得的烟草为对照植株，为后期研究做准备。

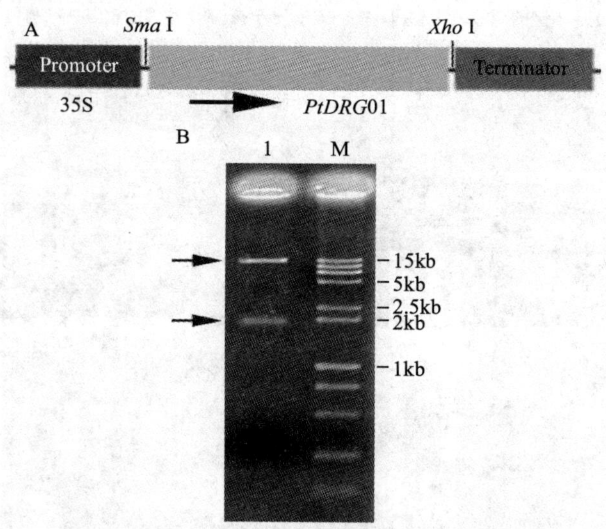

图 3-9　*PtDRG*01 基因正义表达载体的构建与检测

Fig. 3-9　Contruction and identification of expression vector with full-length *PtDRG*01 gene

A：*PtDRG*01 基因的正义表达载体，B：酶切检测 *PtDRG*01 基因正义表达载体，内切酶为 *Sma* I 与 *Sac* I

当转化烟草生长至 5 cm 左右，取充分伸展叶片，提取基因组 DNA，进行基因特异的 PCR 扩增，筛选阳性转基因烟草无性系，最终共获得 40 个含外源基因的转基因烟草无性系。在 PCR 扩增检测中，用 2 对引物进行的特异扩增反应均可获得特异产物，表明外源基因已成功整合到烟草基因组中（图 3-10）。为了进一步分析外源基因在基因组内的拷贝数，本研究对 10 个转基因烟草无性系进行了基因特异的荧光定量 PCR 分析，结果发现，在其中 8 个无性系的基因组中，外源 *PtDRG*01 基因的拷贝数为内参基因 *ACTIN* 的 0.1 倍左右，其余 2 个转基因无性系中的拷贝数为 *ACTIN* 的 0.2 倍。

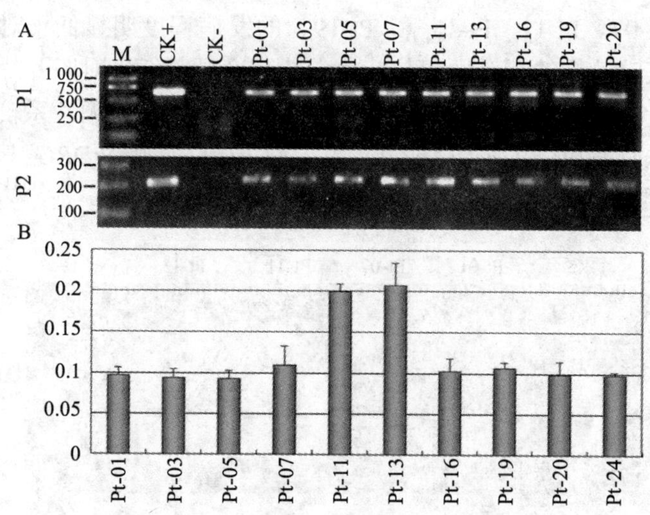

图 3-10　转 *PtDRG*01 基因烟草的分子检测

Fig. 3-10　Molecular detection of transgenic tobaccos with *PtDRG*01 gene

A：转基因烟草的 PCR 检测，P1：引物 Pt01-Gus，P2：引物 Pt01Exp，B：转基因烟草中外源基因拷贝数的定量分析，R 为 *PtDRG*01 基因绝对量与内参 *ACTIN* 基因绝对量的比值，Pt 系列为转基因烟草无性系，CK+：含 *PtDRG*01 基因的重组质粒，CK-：未转基因对照烟草为了鉴定转基因烟草的抗病性能，开展烟草花叶病毒（Tobacco mosaic virus，TMV）的接种实验。在室温下，将TMV毒源接种在烟草顶端第3～5片叶中，1周后观察烟草发病程度。结果发现，未转基因烟草叶片出现严重褶皱，并向中脉卷曲；转基因烟草叶片也出现发病症状，但转基因无性系叶片的褶皱与卷曲程度明显低于未转基因对照叶片（图3-11），表明转基因烟草的抗病能力强于未转基因对照烟草；同时，不同转基因无性系在发病程度上存在显著差异，一些转基因无性系（如Pt-20）的发病程度较高，甚至接近对照，表明外源基因的导入没有显著提高这些烟草无性系抗TMV的能力。但其中5个转基因无性系（Pt-01、Pt-07、Pt-11、Pt-13和Pt-19）的发病程度明显低于对照烟草，其叶片上的褶皱面积与叶片卷曲程度显著低于对照叶片，甚至无叶片卷曲现象（图3-11），说明这5个转基因无性系较其它无性系具有更强的抗TMV能力，进而表明外源*PtDRG*基因能增强烟草抗TMV的能力。

图3-11　转*PtDRG*01基因烟草的花叶病毒接种试验

Fig. 3-11　Tobacco mosaic virus inoculation assay of transgenic tobaccos with *PtDRG*01 gene

为了研究外源基因的表达水平与寄主抗病水平的相互关系，以未转基因烟草为对照，以7个具有不同抗TMV能力的烟草无性系为试材，分别提取其叶片总RNA，并进行基因特异的RT-PCR

分析与荧光定量PCR分析。扩增结果表明，7个转基因烟草总RNA进行的反应均获得了基因特异的扩增产物，但扩增条带的亮度存在显著差异，其中转基因无性系 Pt-11 获得的条带亮度最高，其次为 Pt-07 与 Pt-19、以及 Pt-05 与 Pt-13，而 Pt-01 与 Pt-20 的扩增条带十分微弱（图 3-13），这表明外源基因在转基因无性系 Pt-11、Pt-07 与 Pt-19 中具有较高的表达，在 Pt-05 与 Pt-13 中具有中等表达水平，而在 Pt-01 与 Pt-20 中的表达水平相对较低。定量 PCR 分析结果与 RT-PCR 分析结果基本一致，在无性系 Pt-11 中，*PtDRG*01 基因的表达水平是内参 *ACTIN* 基因的 5.501 倍，在无性系 Pt-07、Pt-13 与 Pt-19 中的表达水平约为 *ACTIN* 基因的 1.0～1.3 倍之间，但在 Pt-01 与 Pt-20 中的表达水平仅分别为 *ACTIN* 基因的 0.1023 倍与 0.003 07 倍（图 3-13）。

在上述研究的基础上，对接种叶片中的 TMV 进行半定量 RT-PCR 分析与荧光定量 PCR 分析，基因特异引物的设计以 TMV 外壳蛋白编码基因为模板。RT-PCR 分析结果显示，与未接种 TMV 的对照叶片 RNA 相比，用接种 TMV 后的烟草叶片 RNA 进行的反应均能扩增出基因特异的条带，表明这些叶片均含有 TMV（图 3-12）；另外，荧光定量分析发现，上述烟草烟草叶片中具有高含量的 TMV；与内参 *ACTIN* 基因的转录水平相比，对照烟草叶片中 TMV 病毒外壳蛋白基因转录水平是 *ACTIN* 基因的 7.602×10^5 倍，而抗病能力较强的无性系 Pt-11 叶片中 TMV 转录水平仅为 *ACTIN* 基因的 2.688×10^4 倍，抗病无性系 Pt-07 与 Pt-13 中 TMV 的转录水平与 *ACTIN* 基因转录水平的比值在 $4.0\sim4.2\times10^4$ 之间，但抗病能力较弱的无性系 Pt-01 与 Pt-20 则含有较高含量的 TMV 转录水平，分别为 *ACTIN* 基因的 3.264×10^5 与 4.670×10^5 倍（图 3-12），表明外源 *PtDRG* 基因的高效表达能有效抑制 TMV 在转基因烟草内的繁殖与转录，这进一步证实 *PtDRG*01 基因的高效表达能增强烟草抗 TMV 能力。

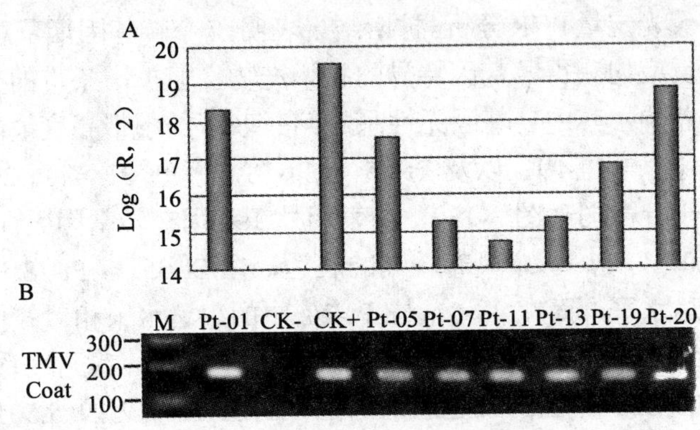

图 3-12 烟草花叶病毒数量检测试验

Fig. 3-12 Detection of tobacco mosaic virus in tobaccos

A：接种 TMV 病毒烟草中病毒外壳蛋白基因转录水平的定量分析，病毒数量表示为 Log_2R，R 定义为病毒数量的绝对值与内参 *ACTIN* 基因的绝对量的比值，B：烟草中病毒外壳蛋白基因转录水平的半定量分析

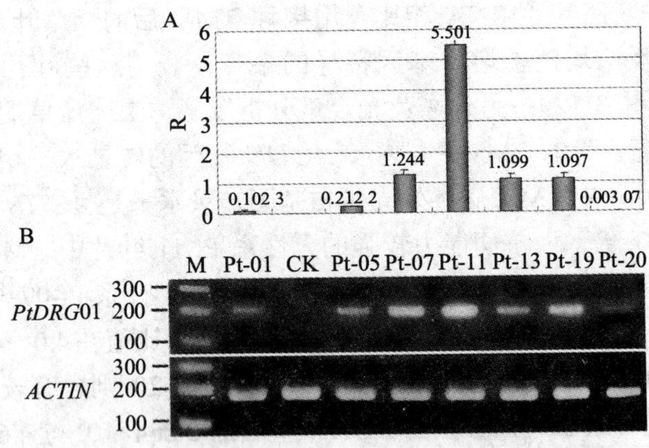

图 3-13 转 *PtDRG*01 基因烟草外源基因表达分析

Fig. 3-13 Expression analyses of transgenic tobaccos with *PtDRG*01 gene

A：转基因烟草中外源基因表达的定量分析，R 为 *PtDRG*01 基因绝对转录水平与 *ACTIN* 基因绝对转录水平的比值，B：烟草中 *PtDRG*01 基因与 *ACTIN* 基因转录水平的半定量分析

为了进一步分析外源基因对 TMV 繁殖与转录的影响，本研究在接种 TMV 后，定期观察各无性系叶片的发病程度与叶片形态，尤其是烟草顶端新萌发叶片。结果发现，最初接种 TMV 的对照叶片逐渐萎蔫、枯黄直至最终全部凋落，接种 6 周后，顶端新萌发叶片继续呈现明显的发病症状，且新叶片出现明显的畸形（图 3-14 右）；而抗病能力较强的无性系 Pt-11 则没有出现上述症状，最初接种的叶片没有出现萎蔫与枯黄，而是逐渐转绿，恢复正常生长状态，接种 6 周后，继续观察原先接种叶片时发现，仅有轻微的发病症状保留在叶片的最前端部分（图 3-14 左），而新萌发出的叶片其大小、形态基本与未接种叶片相同。病毒转录水平检测结果显示，转基因无性系 Pt-11 中 TMV 转录水平是内参 *ACTIN* 基因转录水平的 1 225 倍，而未转基因烟草顶端叶片的 TMV/*ACTIN* 转录比值高达 4 418。这些结果表明，外源基因的高效表达使烟草具有高效、稳定、持久的抗 TMV 能力，它能显著抑制 TMV 的繁殖、转录与运输，阻碍 TMV 对烟草生长与叶片形态建成的负面影响，进而进一步证明外源 *PtDRG*01 基因具有较强的抗病能力，是理想的抗病基因。

Pt-11		CK
1 225±359	TMV/*ACTIN*	4 418±551

图 3-14　转基因烟草无性系 Pt-11 接种病毒 6 周后的表型

Fig. 3-14　Phenotype of transgenic tobacco clone of Pt-11 after inoculation with TMV for 6 weeks

Pt-11：高抗转基因烟草无性系，红色箭头指示 6 周前接种叶片，CK：未转基因烟草无性系，TMV/*ACTIN*：病毒外壳蛋白基因转录子绝对量与内参 *ACTIN* 基因转录子绝对量的比值

3.2.4 *PtDRG* 基因干扰载体转化杨树的研究

三倍体毛白杨叶片经过预培养后，用携带 RNAi 表达载体的金粉微粒轰击，轰击后的叶片经过共培养与筛选培养后出现许多卡那霉素抗性芽（图 3-15A）。对照为未经基因枪轰击的三倍体毛白杨叶片，它们在筛选培养基上培养 4 周后，不仅没有萌发出卡那霉素抗性芽，而且叶片逐渐退绿发白，渐次失去生命力（图 3-15B）。当抗性芽长至 2 cm 左右，将其转移至含抗生素的继代培养基中继续筛选培养，并依次标记为不同的转化株系。经过继代培养与繁殖的转化苗最后转移至生根培养基中生根壮苗（图 3-15C，D）。通过转化研究，本研究共计获得 21 个转化株系，分别命名为 Z1-Z21，用 2 组引物进行的基因特异 PCR 分析均检测到了目标扩增产物，表明外源 RNAi 序列已成功导入三倍体毛白杨，并整合到基因组中（图 3-16）。

3.3 讨论

杨树（*Populus* spp.）是重要的人工栽培林树种，在生态环境建设和木材生产方面发挥着重要的作用。但叶锈病（Leaf rust）一直严重威胁着杨树人工林的发展，已成为杨树栽培区分布最广泛、发生最频繁、危害最严重的病害之一（Pei et al，2003），给杨树生产造成巨大的经济损失，已引起广泛关注。科学家对此开展了广泛的研究，已分离鉴定到 5 类主要的 *Melampsora* 锈菌病原真菌（Newcombe et al，1994 和 1996；Villar et al，1996；Stirling et al，2001），筛选得到许多抗病杨树资源，进行了抗病杂交育种研究，并在杨树抗病基因的定位研究与抗病候选基因的分离上取得了很大进展（Lescot et al，2004；Yin et al，2004；张谦等，2005；Tuskan et al，2006），但这些研究均以黑杨派（美洲黑杨）或青杨派（毛果杨）杨树为植物材料，而有关毛白杨抗锈病研究仍然十分薄弱。本研究以毛白杨和马格栅锈菌为材料，筛选克隆叶锈病抗病相关基因，并对抗病基因的表达特性及抗病性能进行分析与鉴定，这可填补我国在此领域的研究空白，并可为利用基因工程手段改良白杨派树种抗叶锈病及其它病害的能力奠定坚实的基础。因此，本研究将具有重要的理论意义与应用前景。

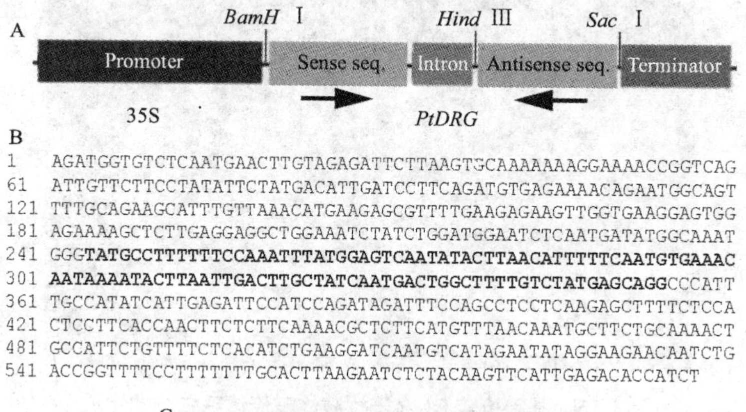

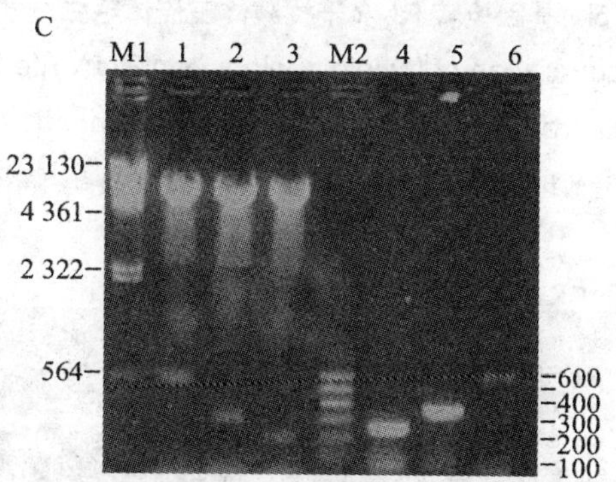

图 3-15　RNA 干扰表达载体的构建与检测

Fig. 3-15　Construction and detection of RNA interference expression vector of *PtDRG* gene

A：RNA 干扰载体图，B：RNA 干扰序列，粗体字母部分为内含子序列，其上下游分别为 *PtDRG* 基因一段外显子的正义与反义序列，C：RNA 干扰表达载体的酶切与 PCR 检测，1-3 为酶切检测，4-6 为 PCR 检测

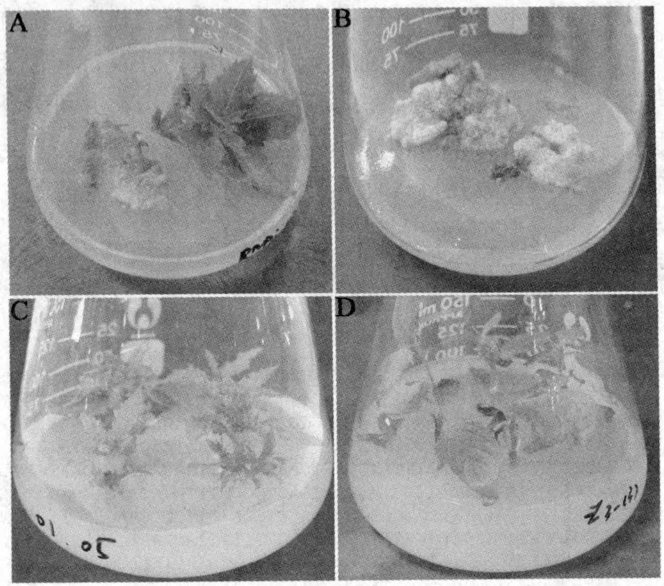

图 3-16　基因枪转 RNA 干扰载体三倍体毛白杨的生成

Fig. 3-16　Regenaration of triploid poplars with RNA interference vector transformed by partical bombardment

A：轰击叶片的芽再生，B：未轰击对照叶片，C-D：转基因杨树芽的扩繁

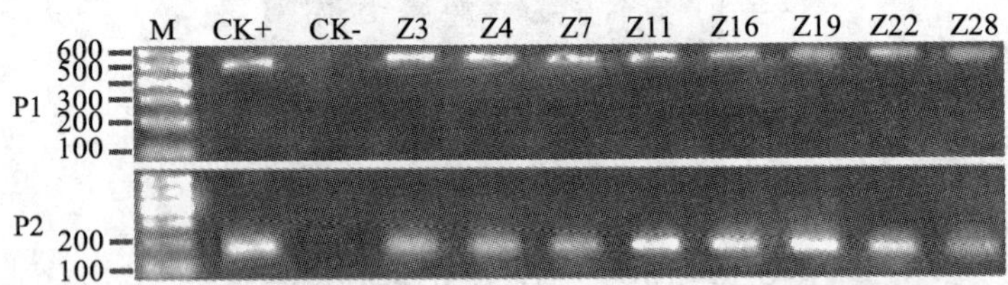

图 3-17　转 RNA 干扰载体三倍体毛白杨的 PCR 检测

Fig. 3-17　PCR detection of transgenic triploid poplars with RNA interference vector

M：100bp DNA Ladder；CK+：RNA 干扰质粒，B：未轰击对照叶片，Z3-Z28：转 RNAi 三倍体毛白杨无性系；P1：引物 35Spro；P2：引物 Pnpt-II

随着杨树基因组计划的完成以及国外杨树抗叶锈病研究与生物信息学的迅速发展，杨树抗病基因的研究获得了新的契机。Lescot et al，（2004）与 Yin et al，（2004）在精确定位杨树锈病抗性位点的基础上，进行抗性位点附近基因组序列全部测序，进而利用生物信息学软件电子克隆得到多个抗病候选基因。本研究依据不同杨树种间同源基因高度相似的特点（Ingvarsson，2005），将青杨派和黑杨派树种抗叶锈病基因研究成果直接应用于毛白杨，这可避免遗传资源的筛选、抗病杂交研究、分离群体的建立、遗传连锁图谱的构建以及抗病基因的定位等研究过程（Paal et al，2004），大大缩短了研究时间，降低了工作量和工作难度，同时大大提高了叶锈病抗病相关基因克隆的针对性和效率。

三倍体毛白杨无性系 L9 对毛白杨锈病具有很强的抗性（图 2-1），可能包含有高效表达叶锈病抗病相关基因，是克隆与分析毛白杨锈病抗性相关基因的理想材料。DQ324288 的获得则是克隆毛白杨叶锈病抗性相关基因的突破口，因为它与美洲黑杨锈病抗性位点（*MER*）的基因组序列、*MER* 位点的 AFLP 分子标记以及 *MER* 位点的抗病候选基因 60I2G11 均高度同源（Zhang et al，2001；Lescot et al，2004），这能确保 DQ324288 基因与毛白杨锈病抗性紧密相关；基因表达研究发现，DQ324288 基因、*PtDRG*01 与 *PtDRG*02 基因的表达具有叶部特异性，且表达水平与无性系的抗病能力正相关（图 3-6），这种表达特性与叶锈病抗性相关基因所具备的特性相吻合，从而间接证明它们与毛白杨叶锈病抗性紧密相关。DQ324288 基因编码的氨基酸序列包含 P-loop、Kinase-2a、Kinase-3a 和 GLPL 基序，表明它为 NBS 型植物抗病基因；且在杨树基因组 6 个位点具有共计 10 个高度同源区域或高度同源基因，其中 1 个位点包含 5 个同源基因，表明 DQ324288 基因在三倍体毛白杨基因组内也具有多个基因家族成员，而且一些基因可能成簇存在，这种成簇存在的特性已在许多植物抗病 *R* 基因中得到证实（Bergelson et al，2001；Kuang et al，2004；Meyers et al，1999 和 2003）。在本研究中，Southern 杂交试验也证实 DQ324288 基因在三倍体毛白杨基因组内具有多家族成员（图 3-3），不过 Southern 杂交检测到的基因家族成员数量仅为 7～8 个，低于毛果杨 1 个 subgenome 中的分析数量，其产生的原因可能有以下几方面：1）地高辛试剂盒灵敏度不够高，难以检测出一些基因信号；2）出现杂交信号重叠，即多个相同长度的基因显示为同一杂交信号；3）由于抗病基因成簇存在，而且紧密相邻，使得单酶切难以将单个抗病基因分离成单一片段，从而导致多个抗病基因酶切后仍然成簇存在，最终表现为同一杂交信号带；4）杂交信号过于集中，使得电泳难以将它们分开。

尽管毛白杨 DQ324288 基因与美洲黑杨 60I2G11 基因高度同源，但以 60I2G11 基因末端特异引物进行的 RT-PCR 分析不能从三倍体毛白杨中扩增出产物（数据未列出），表明美洲黑杨 60I2G11 基因与毛白杨 DQ324288 基因的末端序列存在较大差异，造成此结果的原因可能是物种差异，也可能是生物信息学方法获得的 60I2G11 基因序列不正确。另外，生物信息学分析结果表明，毛白杨 DQ324288 基因在毛果杨基因组中有 10 个同源基因的（表 2-2）；且包含 6 个 TNL 基因、2 个 TN 基因和 2 个 N 基因，其中在三倍体毛白杨中表达的 TNL 基因有 2 个（DQ270668 和 DQ270667），TN 基因仅有 1 个（DQ270671）（图 4-3）。为此，本研究决定采用 RACE-PCR 方法克隆 DQ324288 基因的末端序列及全长序列，通过研究最终获得了 2 个抗病相关基因 *PtDRG*01 和 *PtDRG*02。序列分析发现，2 个基因编码氨基酸包含 TIR、NBS 或 LRR 抗病相关结构域，分别为 TIR-NBS-LRR 基因与 TIR-NBS 基因，它们在结构与序列上均与美洲黑杨 60I2G11 基因高度相似。另外，毛白杨 *PtDRG*02 基因与毛果杨 DQ270671 基因具有相同基因结构及高度同源序列，表明这 2 个基因可能是 2 种杨树体内的同源基因；而 *PtDRG*01 基因与毛果杨 DQ270668 和 DQ270667 基因也具有相似的关系，表明 *PtDRG*01 基因在杨树基因组内可能包含多个具备功能的同源基因，但具体情况有待进一步研究。序列比对还发现，毛白杨 DQ324288 基因与毛果杨基因组同源区域的同源性为 93%左右（表 2-2），这近似 DQ324288 基因与美洲黑杨 *MER* 位点基因组序列的同源性，表明不同杨树其叶锈病抗性同源基因具有相似的序列同源性。

MER 为美洲黑杨叶锈病抗性位点，60I2G11 基因是其中唯一具有完整编码框的基因（Lescot et al，2004），但它是由生物信息学方法分析所得，且没有进一步深入研究的报道，因而还不清楚其表达特性与生物学功能。目前，在植物抗病基因图位克隆的过程中，鉴定基因功能的主要方法是将抗病基因位点附近全基因组序列导入感病野生型宿主中，然后对转化植株进行抗病试验以鉴定目的基因的功能（Paal et al，2004）。该方法要求首先构建高密度的遗传连锁图谱，同时必须清楚抗病位点附近的全基因组序列，这对于遗传杂合程度很高的木本植物来说，操作难度大，甚至无法开展，因而进展缓慢。三倍体毛白杨 DQ324288 基因是在美洲黑杨 *MER* 位点研究的基础上获得的，其生物学功能是利用序列同源性分析推测出来的，同样也无法确认它的具体生物学功能，这使得抗病基因的功能鉴定成为今后研究的重点。目前有研究证实，组成型表达一些抗病 *R* 基因能使植物具有广谱抗病性，如拟南芥 *RPW*8 基因（Buschges，1997；Xiao，2001）、*RPM*8 基因（He，2001）、番茄 *Sw*-5 基因（Brommonschenkel，2000）、*RPM*1 基因（Grant et al，1995）等，这些发现使得抗病基因转化模式植物成为鉴定抗病基因功能的有效方法。为此，本研究在全长抗病相关基因克隆的基础上，采用正义基因的烟草遗传转化研究与抗病试验鉴定外源基因的功能；而且构建的正义表达载体包含抗病相关基因的全长开放阅读框，这能最大程度的保持抗病基因的功能，同时选择了多个转基因无性系进行表达研究与抗病试验，以便充分鉴定抗病基因的功能。病毒接种 1 周后的检测结果显示，转基因无性系的发病程度与 TMV 转录水平明显低于未转

基因对照植株，说明转基因无性系的抗 TMV 能力显著高于对照植株；基因表达研究发现，不同无性系内外源基因转录水平明显不同，这可能是由外源基因插入位点不同而造成的（Zhang et al, 2005），同时不同转基因无性系抗 TMV 能力也存在显著差异，多个无性系的抗 TMV 能力与外源基因表达水平存在一定的正相关性（图 3-12，图 3-13），即外源基因表达水平高的转基因无性系具有相对更高的抗 TMV 能力，表明外源基因的导入与高效表达能显著降低 TMV 的转录水平，并提高转化植物的抗 TMV 能力，进而说明 *PtDRG*01 基因具有抗病功能。病毒接种 6 周后的观察发现，强抗病转基因无性系 Pt-11 的新生叶片能保持正常叶型，而非转基因烟草顶端新生叶片则出现严重畸形；病毒检测结果显示，转基因无性系 Pt-11 内包含的 TMV 转录子明显低于对照叶片，说明外源 *PtDRG* 基因的高效表达能持久降低 TMV 转录水平与提高转基因烟草的抗病能力，还能保护烟草的正常生长发育与形态建成。在抗病试验中，用于病毒检测的材料均为烟草顶端叶片，第 1 周检测所用材料为接种了 TMV 的叶片，第 6 周所用材料为新萌发出的顶端叶片，前者 TMV 转录水平显著高于后者的 TMV 转录水平，这说明 TMV 接种后可在烟草接种部位出现一个爆发期，此期间病毒快速繁殖与转录，同时不断转移至烟草其它组织器官。新萌发顶端叶片内病毒数量明显低于接种部位的现象可能由多方面原因造成，其中组织器官的物理结构与预成物质可能是重要因素，这是因为植物细胞壁、细胞膜、抗菌肽、抗菌蛋白及非蛋白酶类次生物质等能阻碍病毒的迁移与繁殖（Veronese et al，2003），而且接种部位的叶片遭受物理摩擦及机械损伤后，病毒更容易侵染、繁殖、转录与转移；另一个原因可能是 TMV 的侵染可启动烟草体内自身的抗病反应，进而抑制病毒的繁殖、转录与扩散，而外源 *PtDRG*01 基因在转基因烟草内的高效表达能增强自身抗病反应的速度与强度。但这种增强的抗病反应并不足以完全抵抗 TMV 的繁殖与扩散，而是产生一种类似人或动物带毒但不发病的状态，这可能是由于 *PtDRG*01 基因来自毛白杨而非烟草，存在宿主物种差异的影响，且不符合基因对基因假说的完全对应 TMV 的抗病 *R* 基因。据此，在今后的抗病试验中，有必要开展侵染植株的生理生化分析，探测烟草机体的生理代谢受损伤程度。另外，由于 TMV 是 RNA 病毒（杜国英等，2004；Goelet et al，1982），用 PCR 方法不能检测病毒 DNA 数量（数据未列出），所以本研究采用提取侵染叶片的总 RNA，进行病毒 RNA 的定量 PCR 分析，尽管不能精确测定 TMV 的数量，但能在一定程度上反映出 TMV 在烟草内的转录活性（Goelet et al，1982），因而可作为衡量烟草抗病能力的指标。Tameling et al，（2002）报道，NBS 型抗病基具有微弱的 ATPase 活性，这在本研究的 *PtDRG*01 基因表达后的蛋白活性测定中得到证实，由此可推测 *PtDRG*01 基因在烟草内发挥抗病功能的主要机制可能是参与抗病信号传导，进而使烟草抗病 *R* 基因下游的抗病防御分子（如病程相关蛋白、过氧化物酶、几丁质酶、糖苷酶、植物凝集素等）保持较高的水平（He，2001），但有待进一步研究。

近年来，从动物基因表达研究中发展起来的 RNA 干扰（RNA interference，RNAi）技术为基因功能鉴定研究提供了有利的技术支撑。RNAi 能特异降解同源目的基因（Matthew，2004），多形成发卡结构，进而实现目的基因表达的高效特异抑制，这已在一些转基因植株研究中得到证实（Smith et al，2000；Wesley et al，2001）。此外，RNAi 的抑制效应还能跨越物种的界限（Matthew，2004）。因此，RNA 干扰技术被认为是目前鉴定基因功能最有效的方法，已成为功能基因组研究的一种重要的工具（Matthew，2004），已广泛应用于拟南芥、水稻、苜蓿、番茄、玉米、杨树等植物的基因功能鉴定。本研究在构建 *PtDRG* 基因家族特异的 RNA 干扰表达载体的基础上，开展抗病三倍体毛白杨无性系的遗传转化研究，并获得 21 个转化株系，分子检测结果表明，外源基因已成功整合到杨树基因中，但转化植株的基因表达研究与抗病试验正在进行之中。

在外源基因整合研究方面，基因特异的 PCR 分析是一种简单、快捷的方法，但单引物 PCR 检测结果存在一定概率的假阳性现象，而双引物 PCR 检测则有筛选检测的作用，且能大大降低转基因检测结果假阳性概率。据此，本研究选择 2 个不同长度的目的基因片段，设计基因特异引物，进行双引物 PCR 分析，均可获得特异扩增产物，这充分证实了外源基因的成功导入和基因组整合。为了研究外源基因在烟草基因组内的相对拷贝数，本研究进行基因特异的定量 PCR 分析，结果发现，外源基因在基因组内的拷贝数是烟草内源 *ACTIN* 基因的 0.1 或 0.2 倍。由此可见，运用定量 PCR 方法鉴定转基因拷贝数具有操作简单、快速、灵敏度高、所需模板 DNA 量少等优点，目前被认为是除 Southern 杂交外检测转基因拷贝数较为理想的方法（Gachon et al，2004；Gachon et al，2004；Haurogne et al，2007），并已在水稻、小鼠、小麦多种动植物转基因检测中得到广泛应用（Bubner et al，2004a 和 2004b；Song et al，2002；Holst-Jensen et al，2003；Yang et al，2005）。

4 杨树抗病基因的结构、进化与表达研究

研究表明，植物基因组内 NBS 类抗病基因数量众多，其中拟南芥基因组有 150～175 个（Meyer et al，2002 和 2003），水稻基因组有 600 个左右（Goff et al，2002），约占各自基因组全部抗病基因的 75%（Hulbert et al，2001）。除了 NBS 结构域外，此类基因通常还编码其他抗病相关结构域，如 C 端可能存在 TIR 或 CC 结构域，N 端可能包含 LRR 结构域等。依据所含结构域不同，NBS 类抗病基因可以分为功能不同的亚群（Meyers et al，1999；Cannon et al，2002）。例如，拟南芥中的 NBS 类抗病基因包括 4 个 CNL 亚群、8 个 TNL 亚群和 1 对缺乏 N 端基序但差异程度较高的 NL 蛋白（Meyers et al，2003）。就存在方式而言，经典遗传分析认为，许多 *R* 基因在基因组内成簇存在（Hulbert et al，2001），这在拟南芥和水稻基因组研究中得到了进一步证实（Meyers et al，1999；Cannon et al，2002）。对于抗病 *R* 基因产生变异的机制来说，目前的遗传分析和基因组序列分析认为，新基因的产生主要依赖基因重组（Recombination）或基因转换，而抗病 *R* 基因的成簇排列为它们的发生提供了便利与保障（Hulbert et al，2001）。同时，非均等交换、插入删除（Indels）、点突变、基因重复等在新基因产生过程中也具有重要作用（Meyers et al，1999；Cannon et al，2002）。另外，在驱动进化的正向选择压力下，植物 *R* 基因产生变异的部位大多集中在蛋白质相互结合的区域（Mondragon-Palomino et al，2002）。

最近，利用生物信息分析，已从杨树基因组中发现了 398 个编码 NBS 结构域的抗病基因，包括 64 个 TIR-NBS-LRR 基因、

10 个缺乏 LRR 的 TIR-NBS 基因、233 个 non-TIR-NBS-LRR 基因以及 17 个未见报道但包含 TIR-NBS 的基因（Tuskan et al，2006）。根据蛋白质结构域的组成不同，它们可被分成多个亚家族。然而，对于每个基因的蛋白详细结构域、内含子位置（Intron positions）、序列保守程度（Sequence conservation）、外显子在基因组内的分布以及基因变异产生的机制等至今尚未弄清。另一方面，尽管已经从植物基因组中检测得到许多 NBS-LRR 抗病基因，但目前仅有约 40 个基因的功能已被鉴定（张谦等，2005），只占全部抗病基因中极小的一部分，而且这些功能已知的基因均为可受目标病原物诱导的质量抗病基因，能使植物产生强烈的抗病反应（HR），进而形成适合于抗病基因与植病相互作用研究的植物与病原物系统。

然而，与普通木本植物明显不同，模式树种杨树其个体很大，而且要相对静止地、长时间地保持在一定的空间，可常遭受大规模迁移的病原菌的侵袭，甚至多种病原菌的混合侵袭。这种长期的杨树与病原物的相互作用常使宿主进化形成更为复杂的抗病机制，以抵抗病原物的入侵，质量抗病性只占其中极小的一部分，而数量抗病性则是主要方式。因此，很少能在杨树上看到强烈的抗病反应，如过敏性反应（HR）（周仲铭，2000），进而难以建立适于研究的杨树与病原物系统，这使得杨树抗病基因的克隆与功能鉴定研究更为困难。目前，虽然从杨树中检测得到一些抗病基因位点，并筛选出许多与抗病基因位点连锁的分子标记以及抗病候选基因，但这些研究只针对叶锈病等少数几种病害，而且从这些位点所获得的几个抗病基因的功能及表达特性并不清楚（Lescot et al，2004；Yin et al，2004）。随着杨树基因组研究的深入，大量的杨树抗病候选基因已被检测出来（Tuskan et al，2006），鉴定各基因的功能与分析它们的表达特性将是未来杨树功能基因组研究的重要组成部分，更是杨树抗病基因研究的重点。

基因表达研究已成为鉴定目标基因潜在生物功能的有效方法

（Hazen et al，2003；Toyota et al，2006）。目前，基因表达研究已在一些功能已知的植物抗病基因上进行过尝试。大量研究发现，大部分植物抗病基因在体内呈现组成型表达特点，而且表达水平较低（Ayliffe et al，1999；Century et al，1999；Shen et al，2002）。另外，一些抗病基因（如 *Xa*1、*Pib*、*Hs*1$^{pro\text{-}1}$、*Ha-NTIR*11g RGA 等）的转录水平能受许多外部因素（不相容病原物的侵染、能启动下游防御反应的化学信号分子以及促进病原物侵染的环境条件等）的诱导而改变（Century et al，1999；Yoshimura et al，1998；Wang et al，2001；Thurau et al，2003；Radwan et al，2005）。但是，这些研究只能提供单个抗病基因的表达信息，而对于大部分功能未知的抗病候选基因来说，它们是否具有相同规律至今仍不清楚。虽然有研究对大豆白粉病抗病基因位点的 6 个抗病候选基因以及西部白松的多个 RGA 进行过表达分析，但它们只研究几个器官中的表达水平，而且对于它们响应逆境条件的反应没有做进一步研究（Graham et al，2002；Liu and Ekramoddoullah，2004）。

在利用生物信息学方法从毛果杨基因组中获得 74 个含 NBS 结构域的抗病候选基因的基础上，为了深入了解杨树抗病基因的特点，本研究对毛果杨抗病基因的结构与进化进行分析。同时，为了促进毛白杨 NBS 型抗病基因的研究，本研究采用定量 PCR 技术分析这 74 个毛果杨抗病基因在三倍体毛白杨 6 种组织器官中的表达特性、以及受逆境条件胁迫后的应答反应。

4.1 材料与方法

4.1.1 毛果杨抗病基因的序列分析

毛果杨抗病基因结构组成的分析采用 CLUSTAL X 软件，对比分析各基因的 cDNA 与 DNA 序列，研究基因各外显子数量、长度及分布；基因结构域的分析方法为将各基因的编码氨基酸序列与 NCBI 和 Pfam 蛋白数据库进行 BLAST 比对分析，检测各蛋白序列中所含结构域的数量、长度与分布等。在获得上述结果的基础上，采用 DNAMAN 软件人工绘制基因结构图。进化树的构建也采用 CLUSTAL X 软件，分析对象为基因的核苷酸序列，详细方法同第 2 章；进化树中基因亚家族的分类参考核苷酸序列的同源程度与序列之间的遗传距离，本研究中亚家族的分类域值为遗传距离大于 0.1。核苷酸替换、LRT 统计分析以及基因转换的计算方法同第 2 章。由于核苷酸替换的计算要求基因长度相同、序列高度相似。因此，本研究对所分析的基因进行选择，去掉长度差异大、序列同源性差的序列或基因区域，保留 7 个亚家族的 41 个基因，分成 8 个群（Group)，其中亚家族 2 包含 2 个群。基因转换的计算对长度没有要求，因而以亚家族全体基因为对象。

4.1.2 三倍体毛白杨材料的处理

本研究所用的材料均来自抗病三倍体毛白杨无性系 L9，杨树材料采用嫁接方法繁殖，繁殖材料均栽种在塑料盆中，放置在北京林业大学温室中。杨树材料的采集与诱导处理均在相同时期进行。

为了研究杨树抗病基因在三倍体毛白杨各组织器官中的表达，本研究选用树龄为 18 个月且生长状况相同的三倍体毛白杨为研究对象，采集顶端第 2～4 片嫩叶（Apical leaves，AL）（树叶的命名参考 Constabel et al，2000）、树冠中部的成熟叶片（Mature leaves，ML）、组培苗叶片（Leaves from tissue-cultured shoots，SL）、树干顶端嫩皮（Young bark，YB）、树干下端成熟树皮（Mature bark，MB）和根（Roots）做植物材料。嫩皮为距离树干顶端 60 cm 且呈现绿色的树皮，以保证它们处在树干的初生生长阶段（Stem primary growth stage）；成熟树皮为距离地面 130 cm 处的树干皮层，以确保它们处在树干生长的次生生长阶段（Stem secondary growth stage），采集的树皮样品包括从表皮（Epidermis）至形成层（Cambium）的全部皮层组织。每种样品采自 3 个单株，然后混合保存。

为了研究非生物逆境对抗病基因表达的影响，本研究选择树龄为 6 个月的三倍体毛白杨做研究材料，向树冠第 4～15 片叶喷洒甲基茉莉酸溶液（Methyl jasmonic acid，MeJA）和水杨酸溶液（Salicylic acid，SA）。MeJA（购自 Sigma 公司，95%）和 SA 的稀释方法参考 Cheng et al,（2006）。对照为双蒸水（ddH_2O）处理的叶片。伤处理采用钳子夹叶片表面和边缘部分，造成机械创伤。在上述 3 种方法分别处理 6 h、12 h、24 h 和 48 h 后，采集处理叶片。暗处理方法为将组培苗放置在暗盒中，置于 27℃的恒温培养箱中，处理 60 h 和 196 h 后，分别采集处理叶片。

在研究生物逆境胁迫下杨树抗病基因表达响应中，由于不清楚每个抗病基因作用的病原菌对象，本研究以相容的（Compatible）野生型根癌农杆菌（*Agrobacterium tumefaciens*）接种三倍体毛白杨组培苗茎段，处理 60 h 和 10 天后分别采集侵染材料。用组培苗处理是为了尽量减少外部环境对基因表达的影响，选择幼苗茎段为处理对象是因为根癌农杆菌仅侵染杨树树干。

在上述所有处理开始前，采集杨树材料作对照。每种样品的处理重复 3 次，混合采样。采集植物材料后立即用液氮处理，并迅速置–70℃冰箱保存，以备混合样品总 RNA 的提取。

4.1.3 三倍体毛白杨总 RNA 提取与 cDNA 的制备

总 RNA 提取与 cDNA 的制备方法同第 2 章。

4.1.4 定量 PCR 分析

依据抗病基因序列设计基因特异引物，运用 RT-PCR 分析筛选在三倍体毛白杨中表达的抗病基因，共检测到 27 个基因（引物序列见表 4-13）。引物设计和基因定量分析同第 2 章。

4.2 结果与分析

4.2.1 毛果杨抗病基因的结构分析

通过基因预测分析，共获得抗病基因74个，其中包括10个因毛果杨基因组序列不完整造成的删节基因（Truncated gene）。依据所获得的cDNA序列与DNA序列，分析了每个基因的外显子与内含子的组成与分布。同时，通过检索NCBI和Pfam蛋白数据库，分析了各基因编码蛋白所包含的结构域，并依据NBS结构域序列保守程度，最终构建了它们的基因结构图（图4-1和表4-1）。从图4-1中可以看出，基因的内含子和外显子的位置、数量、长度差异显著，基因结构组成复杂多样。其中，10个基因结构较为简单，为单外显子基因（Singleton），其余64个基因的结构较为复杂，为多外显子和多内含子基因。

表4-1　本研究的抗病基因与毛果杨基因组抗病基因的数量比较

Table 4-1　Comparison of *R* gene number in this study with that in the genome of *P. trichocarpa*

预测蛋白结构域 Predicted protein Domains	缩写 Letter code	基因组中数量 Gene number in Populus genome	本研究中的基因数量 Gene number in this study
TIR-NBS	TN	16	7
TIR-NBS-LRR	TNL	66	19
TIR-NBS-LRR-TIR	TNLT	13	17
NBS-LRR-TIR	NLT	1	1
NBS-LRR	NL	233	15
NBS	N	68	11
NBS-LRR-NBS-LRR	NLNL	/	1
NBS-NBS-LRR	NNL	/	1
TIR-NBS-NBS-LRR	TNNL	/	2
TIR-NBS-LRR-NBS	TNLN	1	/
Total NBS genes		398	74

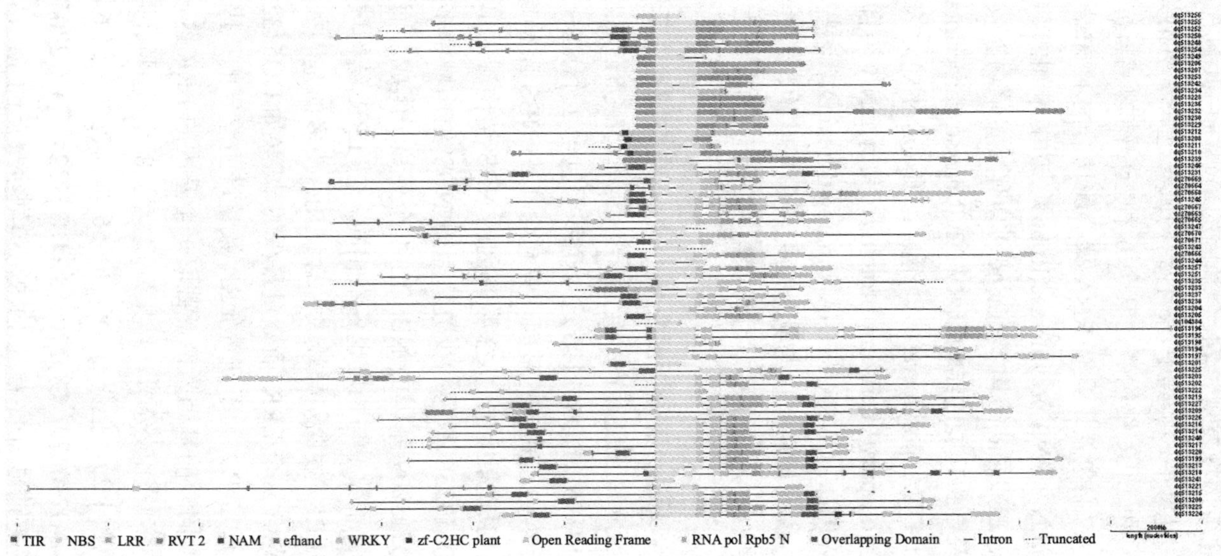

图 4-1 毛果杨 74 个编码 NBS 结构域的抗病候选基因的结构图

Fig. 4-1 Organization of 74 resistance gene candidates with NBS domain from genomic sequences of *P. trichocarpa*

绿色背景区域的数字表示相应基因中 LRR 基序的数量

分析蛋白所含结构域发现，74 个基因的编码蛋白共包含 9 种结构域（图 4-1 和表 4-1）。其中，3 种结构域与抗病紧密相关，它们是 TIR、NBS 和 LRR 结构域，其余 6 种蛋白结构域与抗病功能无紧密关系，它们包括：具有 RNA 聚合酶功能的 N 末端结构域 RNA pol Rpb5 N（RNA polymerase Rpb5）、功能未知的结构域 zf-C2HC Plant、EF hand 结构域 efhand、具有反转录功能或依赖 RNA 的 DNA 聚合酶功能的结构域 RVT 2（Reverse transcriptase or RNA-dependent DNA polymerase）、不具有顶端分生能力的蛋白结构域 NAM（No apical meristem protein）、具有 DNA 结合功能的蛋白结构域 WRKY（WRKY DNA -binding domain）。这些蛋白结构域的存在，说明抗病蛋白与其他功能蛋白在结构、遗传进化、甚至功能上具有一定的联系，且可能与抗病蛋白的其他生物学功能有关。

抗病基因结构域进一步分析后发现，NBS 结构域存在于所有的基因中，但数量和长度存在一定差异。其中，DQ513232、DQ513239、DQ513195、DQ513196 这 4 个基因包含 2 个 NBS 结构域（图 4-1，表 4-1），其余的基因均只包含 1 个 NBS 结构域。在这些单 NBS 结构域基因中，大多数基因的 NBS 结构域由单外显子组成，如 DQ513256 基因；少数基因的 NBS 结构域由多外显子组成，如 DQ513209 基因的 NBS 由 4 个外显子组成，而且 NBS 结构域中内含子数量与长度也各不相同。在 LRR 结构域方面，不同基因的 LRR 数量差异较大，含 LRR 最多的基因（如 DQ513219 基因）包含 9 个 LRR；而数量最少的基因（如 DQ513253 基因）仅包含 1 个 LRR。为了研究 LRR 数量产生差异的原因，本研究以 8 个高度同源的基因为例，截取每个基因的 LRR 区段，进行 LRR 序列的多重比较分析，结果发现，这 8 个基因共涉及 6 个 LRR 序列（图 4-2），但只有 DQ270666 基因包含全部 6 个 LRR；5 个基因（DQ270670、DQ270668、DQ513245、DQ270667 和 DQ270663）含有前 5 个完整的 LRR，但缺少最后的 LRR6；

DQ270665 基因缺少 LRR2、LRR3 和 LRR6；DQ270665 基因缺失 LRR2 和 LRR3（图 4-2）。这表明基因缺失是产生 LRR 数量变异的重要原因之一。

按照基因编码蛋白所包含结构域的不同，74 个抗病基因可分为 9 个亚类（表 4-1），其中 TIR-NBS-LRR 基因最多（有 19 个）；其次是 TIR-NBS-LRR-TIR 基因，有 17 个；最小亚类里基因数仅为 1 个，如 NBS-LRR-TIR、NBS-LRR-NBS-LRR、NBS-NBS-LRR 基因。

另外，研究还发现，一些基因内相互邻近的蛋白结构域之间存在重叠现象，如 DQ513235 基因的 TIR 结构域与 NBS 结构域之间、DQ513239 基因的 2 个 NBS 结构域之间等，这可能是由于基因重组造成的。

4.2.2 杨树抗病基因序列的进化树分析

为了研究杨树抗病基因序列之间的相互关系，首先以全部基因的全长 cDNA 序列进行多重比较分析，进而构建它们的系统进化树。依据核苷酸同源性高低，各抗病基因分布于进化树的不同位置。以遗传距离大于 0.1 为域值，杨树 74 个抗病基因序列可划分为 11 个亚家族，分别命名为亚家族 1 至 11（图 4-3），表明杨树基因组内编码 NBS 的抗病基因种类繁多。各亚家族间的抗病基因数量差异很大，最少的亚家族仅有 1 个抗病基因，如亚家族 10 和 11，而最大的亚家族 1 则包含 21 个抗病基因。同时，抗病基因彼此之间的遗传距离差异明显，亚家族内的序列之间距离较近，尤其是亚家族 1 内的序列，而亚家族间的序列之间则距离较远（图 4-3）。

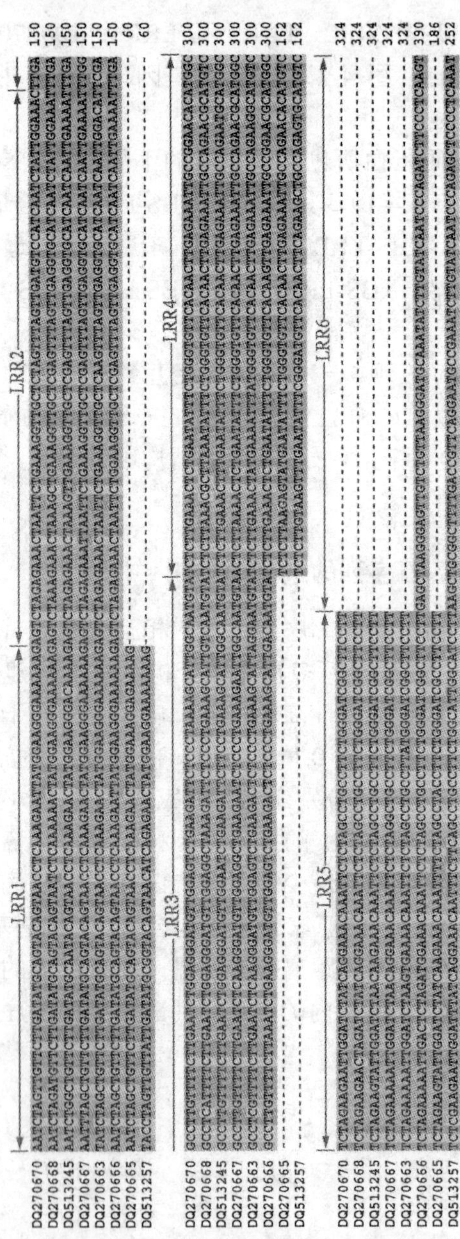

图 4-2 毛果杨抗病候选基因 LRR 基序的多重比较分析

Fig. 4-2 Multiple alignments of LRR motifs of resistance gene candidates from *P. trichocarpa*

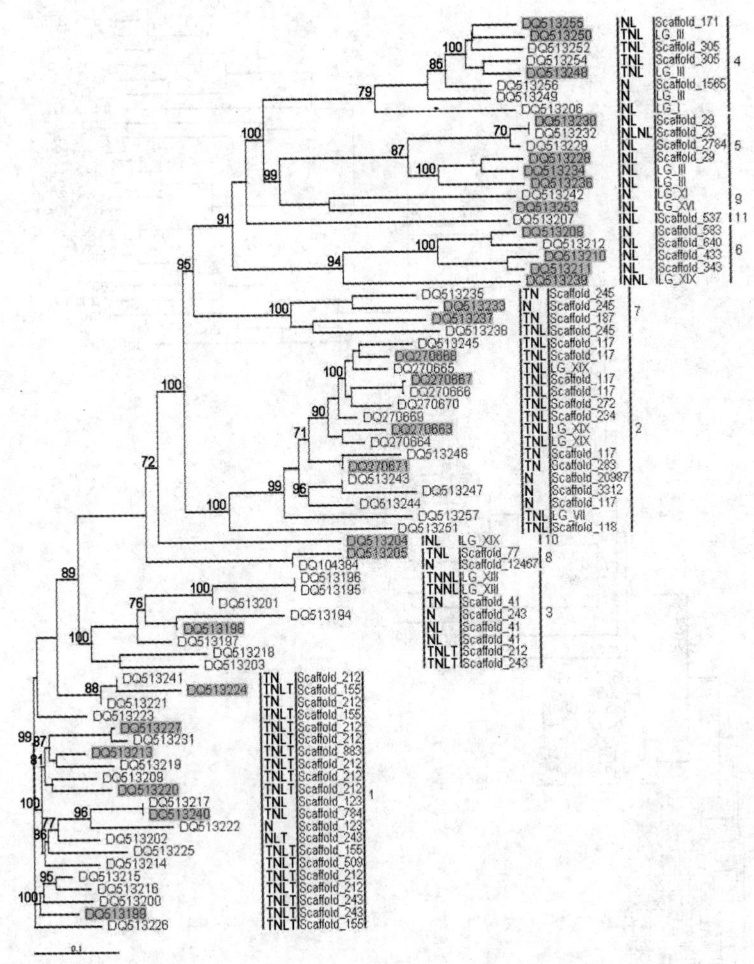

图 4-3 CLUSTAL X 构建的 74 个毛果杨 NBS 型抗病基因的进化树

Fig. 4-3 Consensus tree of the 74 NBS encoding *R* gene from poplar genome constructed by phylogenetic analysis using CLUSTAL X program

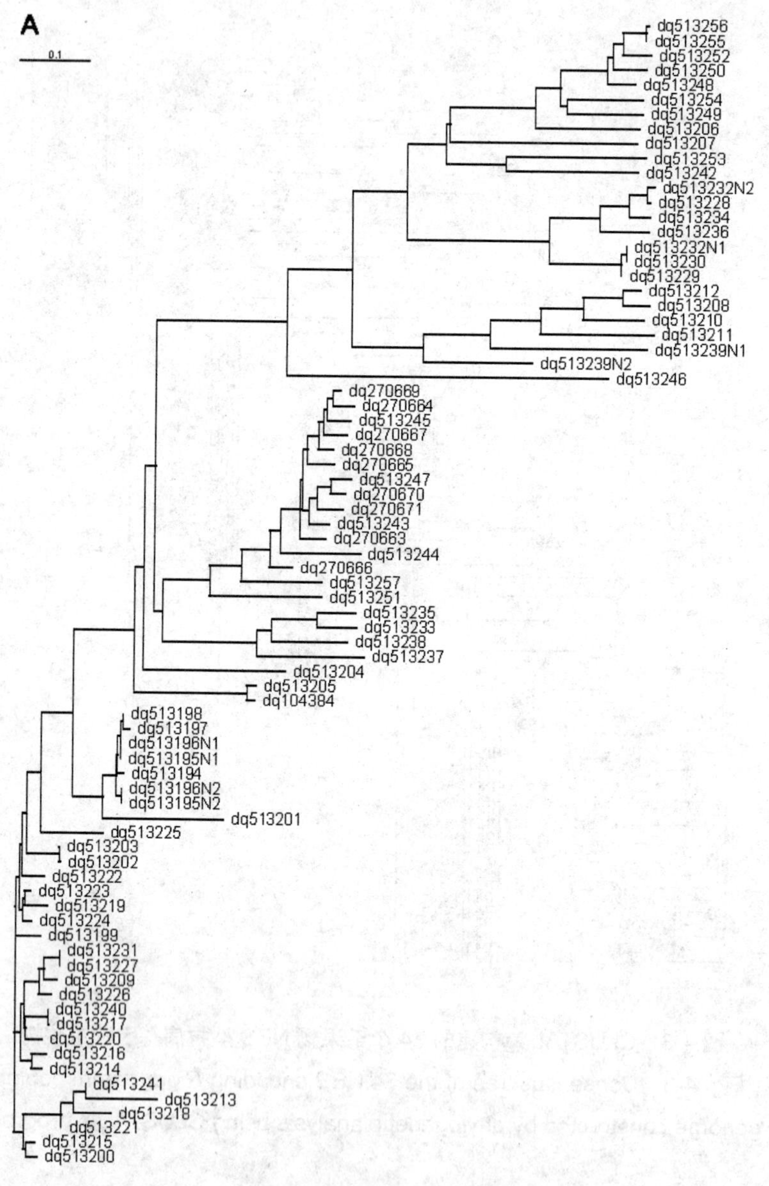
A
0.1
dq513256
dq513255
dq513252
dq513250
dq513248
dq513254
dq513249
dq513206
dq513207
dq513253
dq513242
dq513232N2
dq513228
dq513234
dq513236
dq513232N1
dq513230
dq513229
dq513212
dq513208
dq513210
dq513211
dq513239N1
dq513239N2
dq513246
dq270669
dq270664
dq513245
dq270667
dq270668
dq270665
dq513247
dq270670
dq270671
dq513243
dq270663
dq513244
dq270666
dq513257
dq513251
dq513235
dq513233
dq513238
dq513237
dq513204
dq513205
dq104384
dq513198
dq513197
dq513196N1
dq513195N1
dq513194
dq513196N2
dq513195N2
dq513201
dq513225
dq513203
dq513202
dq513222
dq513223
dq513219
dq513224
dq513199
dq513231
dq513227
dq513209
dq513226
dq513240
dq513217
dq513220
dq513216
dq513214
dq513241
dq513213
dq513218
dq513221
dq513215
dq513200

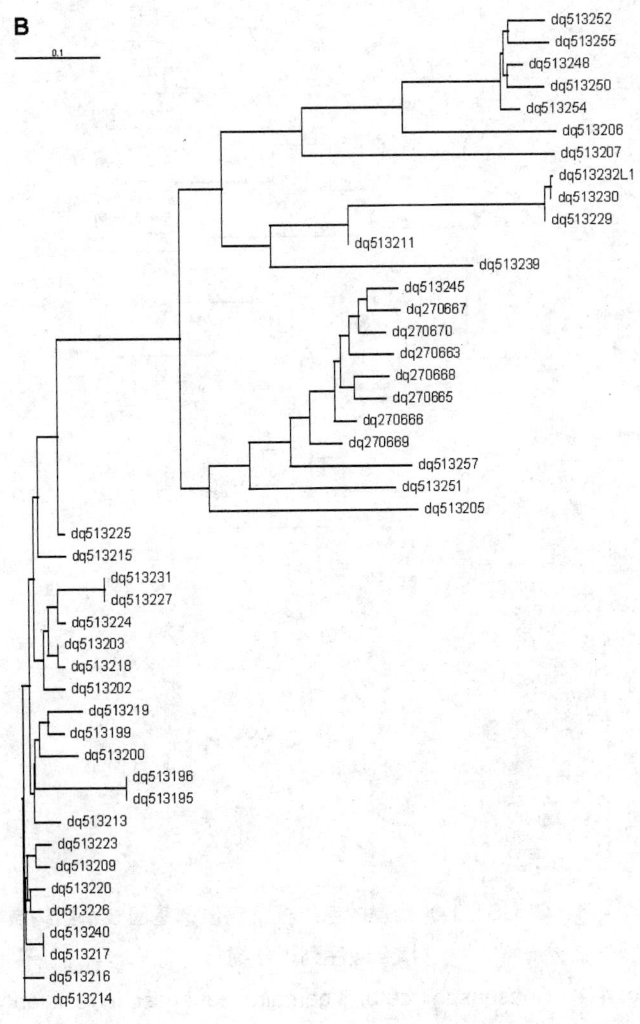
B
0.1
dq513252
dq513255
dq513248
dq513250
dq513254
dq513206
dq513207
dq513232L1
dq513230
dq513229
dq513211
dq513239
dq513245
dq270667
dq270670
dq270663
dq270668
dq270665
dq270666
dq270669
dq513257
dq513251
dq513205
dq513225
dq513215
dq513231
dq513227
dq513224
dq513203
dq513218
dq513202
dq513219
dq513199
dq513200
dq513196
dq513195
dq513213
dq513223
dq513209
dq513220
dq513226
dq513240
dq513217
dq513216
dq513214

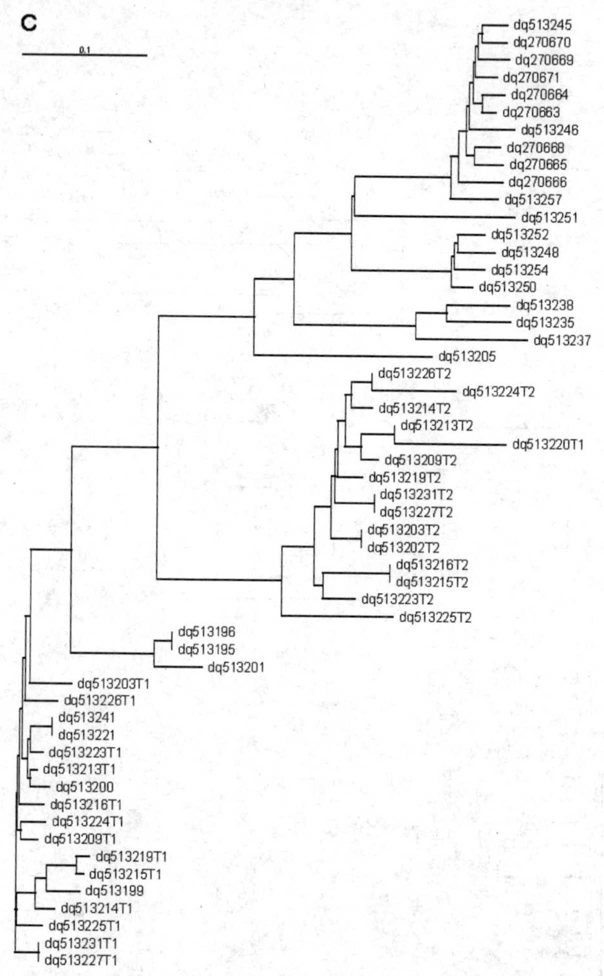

图 4-4　CLUSTAL X 构建的毛果杨抗病候选基因 3 个结构域核苷酸序列进化树

Fig. 4-4　Consensus tree of 3 domain sequences in resistance genes from *P. trichocarpa* constructed by phylogenetic analysis using CLUSTAL X software

A：NBS 结构域进化树，B：LRR 结构域进化树，C：TIR 结构域进化树由于杨树抗病基因的蛋白序列包含多个结构域，其中与抗病功能紧密相关的主要有 3 个：NBS、LRR 和 TIR 结构域。为了研究杨树抗病基因序列内各结构域之间的相互关系，本研究分别截取各抗病基因的 3 个结构域的 cDNA 序列，进行序列之间的多重比较，并分别构建了各结构域序列的进化树。以 NBS 序列构建的进化树包括全部 74 个序列，进化树中序列的排列及构象与全长序列的进化树高度相似，仅有少数序列的排列和构象发生变化（图 4-4A）。

抗病基因被划分为 11 个亚家族，亚家族分别用阿拉伯数字 1～11 定义，亚家族划分的标准是基因间的遗传距离大于 0.100，进化树中仅显示了大于 70 的 bootstrap 值，具有绿色背景的基因均在三倍体毛白杨中组成型表达，垂直线间的名称代表相应基因的结构以及它们在基因组中的位置在构建 LRR 序列进化树时，由于一些基因不包含相应的结构域，另一些基因的结构域很短，容易影响进化树的真实性，因此，本研究选择 45 个抗病基因中长度较为一致的 LRR 序列，构建它们的进化树，结果发现，各基因在进化树中的位置、分布以及邻近基因的构象与全长抗病基因构建的进化树相似。另外，从进化树中发现 3 对完全一致的 LRR 序列，它们是 DQ513231 与 DQ513227、DQ513195 与 DQ513196 以及 DQ513240 与 DQ513217，表明抗病基因中存在 LRR 区域重复现象，其产生的机制可能是基因重组或基因转换（图 4-4B）。在分析 TIR 序列时发现，许多基因包含多个 TIR 序列，为了便于区分，在基因登录号后分别加 T1 或 T2，表示基因中的第 1 个或第 2 个 TIR 序列；在构建进化树时，为了确保结果的可靠性，本研究选择了 41 个抗病基因的 55 个 TIR 序列，构建它们的进化树。从图 4-4C 可以看出，在全长基因进化树中聚合在一起的基因仍然聚合在一起，相互之间的遗传距离较近，其中仅有少数基因的排列顺序发生了微弱变化；含单个 TIR 序列的基因聚合在进化树的顶端位置，它们彼此之间的遗传距离很近；而对于含有多个 TIR 序列的基因来说，基因序列中相同位置的 TIR 序列的遗传距离相对更近，并相互聚合在一起，其中第 1 个 TIR 序列聚会在进化树的底部，第 2 个 TIR 序列则聚合在进化树的中部，不过 DQ513220 基因的第 1 个 TIR 序列除外（图 4-4C）。另外，与 LRR 进化树相似，TIR 进化树中包含 5 对完全一致的 TIR 序列，它们是 DQ513231 与 DQ513227 的第 1 个 TIR、DQ513241 与 DQ513221 的第 1 个 TIR、DQ513195 与 DQ513196 的第 1 个 TIR、DQ513215 与 DQ513216 的第 2 个 TIR 以及 DQ513231 与 DQ513227 的第 2 个 TIR 序列（图 4-4C），表明抗病基因的 TIR 区域也存在重复现象，造成基因重复的机制可能是基因复制、基因重组或基因转换。

4.2.3 杨树抗病基因核苷酸替换与基因交换的计算

为了分析杨树抗病基因承受的进化作用力，本研究首先通过序列比对分析筛选出 8 个 Group 的基因，它们具有相同的基因结构和高度相似的核苷酸序列（表 4-2）；然后采用 13 种进化分析模式（Model）对基因进行了精确计算，分析基因的平均ω值，并研究基因内每个氨基酸所承受的进化选择压力及其后验概率（Posterior probability），进而构建基因编码氨基酸的正向选择位点图。

表 4-2　正向选择位点分析所用的毛果杨抗病基因序列

Table 4-2　Resistance gene candidates used for analyses of positive selection sites

群 Group	亚家庭 Subfamily[1]	类型 Type	序列 Sequences	长度 Length（aa）	一致性 Identity
1	S1	TNLT	DQ513209，DQ513225，DQ513214，DQ513227，DQ513231，DQ513220，DQ513199，DQ513200，DQ513224，DQ513223，DQ513226，DQ513215，DQ513216，DQ513213，DQ513219	980	88.5

群 Group	亚家庭 Subfamily[1]	类型 Type	序列 Sequences	长度 Length（aa）	一致性 Identity
2	S2	TNL	DQ270665，DQ270663，DQ270664，DQ513257	1 071	86.1
3	S2	TNL	DQ513245，DQ270668，DQ270667，DQ270666，DQ270670	663	88.1
4	S3	N	DQ513196，DQ513194，DQ513198，DQ513197，DQ513203	446	88.1
5	S4	TNL	DQ513252，DQ513250，DQ513254，DQ513248，	1 069	86.2
6	S5	NL	DQ513230，DQ513229，DQ513228，DQ513236	877	82.4
7	S6	NL	DQ513208，DQ513212，DQ513210，DQ513211	787	79.3
8	S7	N	DQ513235，DQ513233，DQ513237，DQ513238	354	86.0

[1]抗病基因在全长 cDNA 序列进化树中对应的亚家族。

Group 1 基因来自进化树的亚家族 1，共有 15 个基因（表 4-2）。对这些基因而言，在大部分模式下基因的平均ω值在 0.841～0.921 之间，表明基因进化整体上处于中性随机选择或微弱的纯化选择压力之下；M0（one-ratio）、M1（neutral）和 M7（beta）这 3 种模式所得到的极大似然估计值明显偏低，致使其置信程度与模式符合程度也随之偏低，最终导致基因的平均ω值明显偏离上述范围。但相比而言，M1 模式与数据的符合程度明显优于 M0 模式，M3 模式优于中性模式 M1，而所有模式中与数据符合程度最高的是 M13 模式。在正向位点检测方面，所有具有检测能力的模式均显示，基因内存在 11%～14%的正向选择氨基酸位点。例如，M3 模式检测到了 11.6%的正向选择氨基酸位点，其ω_2值为 3.488；M8 模式检测到了 13.7%的类似位点，其ω值为 3.209。M7 与 M8 相互比较的 LRT 统计值 $2\Delta\ln L = 2\times[(-15413.6)-(-15516.3)] = 2\times102.7 = 205.4$，其 $P<1.0e{-6}$，这进一步表明基因内存在正向选

择氨基酸位点（表 4-4）。Group 1 基因编码 980 个氨基酸，基因编码氨基酸包含 4 个抗病相关结构域，为 TIR-NBS-LRR-TIR 型抗病基因（图 4-3）。M8 模式共检测到 114 个正向选择位点，其中后验概率（Posterior probability）大于 90%的显著性位点有 56 个（图 4-5），而大于 95%的极显著位点有 35 个（表 4-3）。进一步分析发现，56 个显著性位点分布于基因的各个位置，但分布并不均匀，其中分布于 NBS 结构域的位点最少（仅有 5 个），分布位点数最多的是 LRR 与第 2 个 TIR 之间的区域，共有 20 个，而分布于第 1 个 TIR、LRR 及第 2 个 TIR 中的位点数分别为 12 个、8 个和 7 个（图 4-3）。

表 4-3　似然值测试结果

Table 4-3　Likelihood ratio test results

群 Group	n[1]	*P*-值 *P*-value M0：M1	*P*-值 *P*-value M0：M3	*P*-值 *P*-value M7：M8	M8 值 M8 value	正向选择位点 Positively selected sites
1	15	＜1.0e–6	＜1.0e–6	＜1.0e–6	ω = 3.209；p_1 = 0.137	3G 15Y 16S 18L 19K 116Q 126T 391R 476S 523E 537N 609I 670C 690C 702T 715G 721N 773K 775G 787Y 788E 789R 804L 808S 846S 856I 857T 858Y 860K 865R 871V 911D 933Y 969M 970L 973S 974V
2	4	＜1.0e–6	＜1.0e–6	＜1.0e–6	ω = 9.093；p_1 = 0.041	484G 663C
3	4	＜1.0e–6	＜1.0e–6	2.0e–5	ω = 3.260；p_1 = 0.134	814T 833R 853D 859H 879E 906Q 932S 933P 987F 1069T 1071H
4	5	＜1.0e–6	＜1.0e–6	＜1.0e–6	ω = 5.125；p_1 = 0.077	4K 10Q 365S 377P 427F 429L 439C

群 Group	n[1]	P-值 P-value M0：M1	P-值 P-value M0：M3	P-值 P-value M7：M8	M8 值 M8 value	正向选择位点 Positively selected sites
5	4	<1.0e–6	<1.0e–6	<1.0e–6	ω = 6.719；p_1 = 0.159	54S 177N 178I 247F 248R 249D 250Q 251T 252Q 253K 254L 255L 256S 437K 465Q 482S 497H 502E 506A 519V 539E 549N 556L 565L 582R 598H 626N 627S 653R 654L 661K 667R 673A 676R 677G 680S 692L 694R 700V 701R 703W 704G 705R 716S 719G 720R 726L 727S 729C 730A 752Q 777L 820S 842F 971K 1007L 1008D 1029D 1030E 1032Y 1034G 1035N 1053R 1057S
6	4	<1.0e–6	<1.0e–6	<1.0e–6	ω = 606.3；p_1 = 0.016	
7	4	<1.0e–6	<1.0e–6	<1.0e–6	ω = 2.641；p_1 = 0.345	2V 4T 5D 6Y 7R 8V 11C 12Q 14I 15C 16R 17L 18Y 19R 20R 21Y 24D 26I 27Y 28D 29P 30T 31D 33Y 36V 53L 69L 92R 156F 158V 198S 199L 210G 214E 217T 218G 241I 250T 251V 252S 253I 256I 268T 270P 273G 274I 326V 327M 331A 336G 338Y 341G 343A 344G 353Y 355Q 361G 367H 386E 430K 476M 527L 531R 533R 534K 535D 536D 537M 538E 539P 541V 543H 545L 562L 563Y 572E 616G 619I 621Y 622D 684S 699G 726G
8	4	<1.0e–6	<1.0e–6	1.4e–4	ω = 3.149；p_1 = 0.142	

[1] Group 中包含的抗病基因数目。

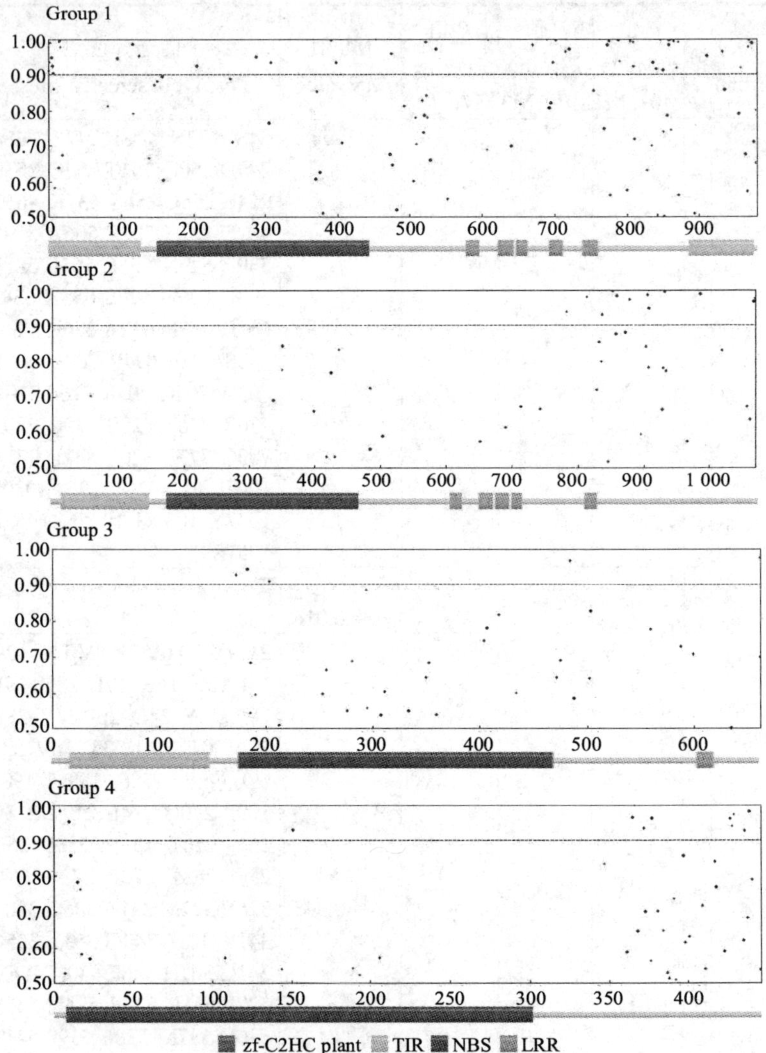

图 4-5　毛果杨抗病基因正向选择位点（ω>1）的后验概率

Fig. 4-5　Posterior probability for sites of the positively selected class in resistance gene candidates from *P. trichocarpa*（ω>1）

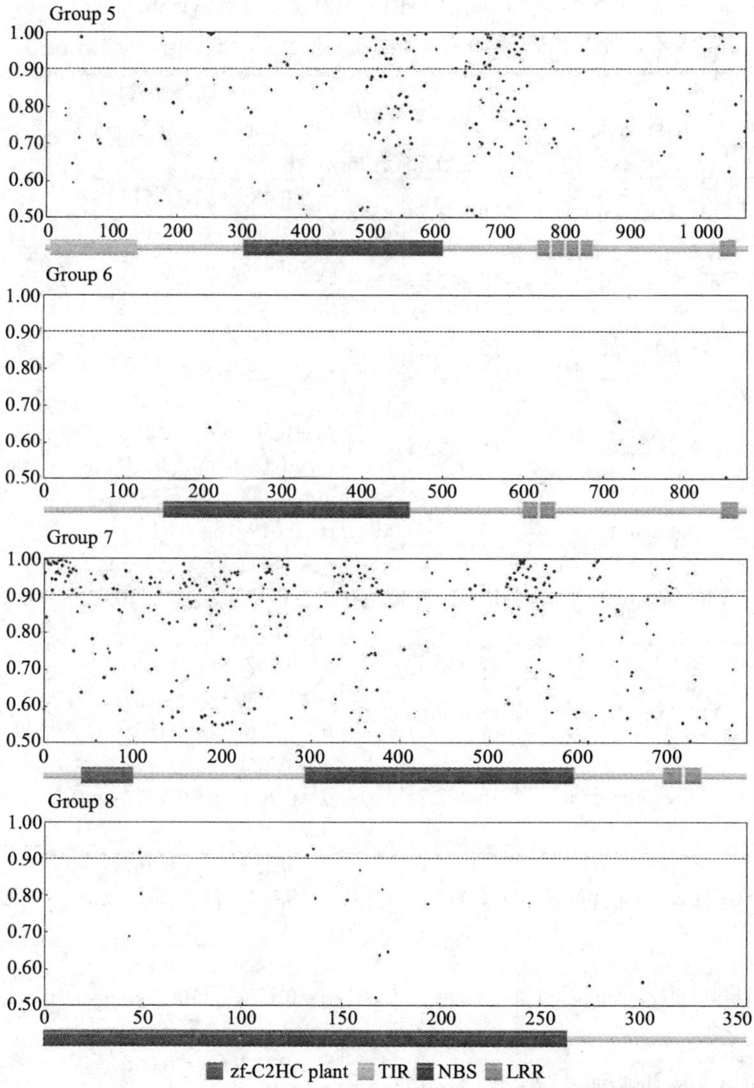

图 4-5 毛果杨抗病基因正向选择位点（ω>1）的后验概率

Fig. 4-5 Posterior probability for sites of the positively selected class in resistance gene candidates from *P. trichocarpa*（ω>1）

表 4-4　Group 1 基因的似然值与参数估计值

Table 4-4　Likelihood values and parameter estimates for Group 1

模式 Model code	lnL	d_N/d_S	参数估算 Estimates of parameters
M0（one-ratio）	−15 829.60	0.735	$\omega = 0.735$
M1（neutral）	−15 503.74	0.558	$p_0 = 0.485$（$p_1 = 0.515$） $\omega_0 = 0.089$，$\omega_1 = 1.000$
M2（selection）	−15 412.57	0.909	$p_0 = 0.418$，$p_1 = 0.461$（$p_2 = 0.121$） $\omega_0 = 0.083$，$\omega_1 = 1.000$，$\omega_2 = 3.415$
M3（discrete）	−15 412.53	0.914	$p_0 = 0.427$，$p_1 = 0.458$（$p_2 = 0.116$） $\omega_0 = 0.089$，$\omega_1 = 1.033$，$\omega_2 = 3.488$
M4（freqs）	−15 413.95	0.874	$p_0 = 0.239$，$p_1 = 0.257$，$p_2 = 0.000$， $p_3 = 0.362$（$p_4 = 0.142$） $\omega_0 = 0.000$，$\omega_1 = 0.333$，$\omega_2 = 0.667$， $\omega_3 = 1.000$，$\omega_4 = 3.000$
M5（gamma）	−15 415.45	0.921	$\alpha = 0.619$，$\beta = 0.637$
M6（2gamma）	−15 414.97	0.906	$p_0 = 0.047$（$p_1 = 0.953$） $\alpha_0 = 0.005$，$\beta_0 = 75.205$，$\alpha_1 = 0.698$ （$\beta_1 = 0.698$）
M7（beta）	−15 516.33	0.555	$p = 0.182$，$q = 0.146$
M8（beta&ω）	−15 413.60	0.896	$p_0 = 0.864$（$p_1 = 0.137$） $p = 0.216$，$q = 0.192$，$\omega = 3.209$
M9（beta&gamma）	−15 412.25	0.916	$p_0 = 0.228$（$p_1 = 0.772$） $p = 0.409$，$q = 0.005$，$\alpha = 0.387$，$\beta =$ 0.393
M10（beta&gamma+1）	−15 412.20	0.917	$p_0 = 0.533$（$p_1 = 0.467$） $p = 0.456$，$q = 1.642$，$\alpha = 0.227$，$\beta =$ 0.243
M11（beta&normal＞1）	−15 415.35	0.841	$p_0 = 0.865$（$p_1 = 0.135$） $p = 0.190$，$q = 0.167$，$\mu = 1.507$，$\sigma =$ 2.464
M12（0&2normal＞1）	−15 412.24	0.917	$p_0 = 0.182$（$p_1 = 0.055$） $\mu_2 = 0.053$，$\sigma_1 = 29.000$，$\sigma_2 = 1.120$
M13（3normal＞1）	−15 412.18	0.918	$p_0 = 0.322$，$p_1 = 0.058$（$p_2 = 0.620$） $\mu_2 = 0.965$，$\sigma_0 = 0.075$，$\sigma_1 = 20.640$， $\sigma_2 = 0.529$

Group 2 基因来自进化树的亚家族 2，共包含 4 个基因（表 4-2）。分析结果显示，除 M0、M1、M4 和 M7 模式外，大部分模式下基因的平均ω值在 0.954～1.122 之间，表明基因进化整体上处于中性选择或微弱的正向选择压力之下；较其他模式而言，前面 4 种模式所得的极大似然估计值明显偏低，计算结果的可靠性不高。不过 M1 优于 M0，M4 优于 M7 和 M1，M3 是所有模式中与计算结果符合程度最好一个。在正向位点检测方面，多种分析模式的计算结果显示，基因内存在 1.9%～4.1%的正向选择氨基酸位点。M3 模式检测到了 49.2%的氨基酸位点，它们处于微弱的正向选择下（ω_1 = 1.600），其中 1.9%的氨基酸位点处于极强的正向选择下（ω_2 = 17.712）；M8 模式检测到了 4.1%的类似位点（ω = 9.093）。M7 与 M8 相互比较的 LRT 统计值为 71.29，其 P<1.0e-6，进一步表明基因内存在正向选择氨基酸位点（表 4-5，图 4-5）。Group 2 基因编码 1071 个氨基酸，包含 3 个抗病相关结构域，为 TIR-NBS-LRR 型抗病基因（图 4-3）。M8 模式共检测到 46 个正向选择位点，其中后验概率大于 90%的显著位点有 14 个（图 4-5），大于 95%的极显著位点有 11 个（表 4-3），而且所有的显著位点均分布在 LRR 下游及基因 C 端区域（图 4-5）。

表 4-5　Group 2 基因的似然值与参数估计值

Table 4-5　Likelihood values and parameter estimates for Group 2

模式 Model code	lnL	d_N/d_S	参数估算 Estimates of parameters
M0（one-ratio）	−7 456.37	0.805	ω = 0.805
M1（neutral）	−7 410.07	0.558	p_0 = 0.442（p_1 = 0.558） ω_0 = 0.000，ω_1 = 1.000
M2（selection）	−7 376.13	0.954	p_0 = 0.382，p_1 = 0.577（p_2 = 0.041） ω_0 = 0.000，ω_1 = 1.000，ω_2 = 9.131
M3（discrete）	−7 372.17	1.122	p_0 = 0.489，p_1 = 0.492（p_2 = 0.019） ω_0 = 0.000，ω_1 = 1.600，ω_2 = 17.712

模式 Model code	lnL	d_N/d_S	参数估算 Estimates of parameters
M4（freqs）	−7 383.68	0.868	$p_0 = 0.373$，$p_1 = 0.000$，$p_2 = 0.435$，$p_3 = 0.000$（$p_4 = 0.193$） $\omega_0 = 0.000$，$\omega_1 = 0.333$，$\omega_2 = 0.667$，$\omega_3 = 1.000$，$\omega_4 = 3.000$
M5（gamma）	−7 381.33	1.000	$\alpha = 0.396$，$\beta = 0.367$
M6（2gamma）	−7 381.03	1.049	$p_0 = 0.018$（$p_1 = 0.982$） $\alpha_0 = 3.302$，$\beta_0 = 0.005$，$\alpha_1 = 0.431$（$\beta_1 = 0.431$）
M7（beta）	−7 411.77	0.504	$p = 0.015$，$q = 0.014$
M8（beta&ω）	−7 376.13	0.951	$p_0 = 0.959$（$p_1 = 0.041$） $p = 0.007$，$q = 0.005$，$\omega = 9.093$
M9（beta&gamma）	−7 380.50	1.004	$p_0 = 0.680$（$p_1 = 0.320$） $p = 0.736$，$q = 1.177$，$\alpha = 0.751$，$\beta = 0.282$
M10（beta&gamma+1）	−7 378.88	1.042	$p_0 = 0.418$（$p_1 = 0.582$） $p = 0.016$，$q = 0.973$，$\alpha = 0.036$，$\beta = 0.012$
M11（beta&normal＞1）	−7 378.88	1.040	$p_0 = 0.851$（$p_1 = 0.149$） $p = 0.005$，$q = 0.005$，$\mu = 1.284$，$\sigma = 4.421$
M12（0&2normal＞1）	−7 375.37	1.102	$p_0 = 0.462$（$p_1 = 0.117$） $\mu_2 = 1.329$，$\sigma_1 = 10.164$，$\sigma_2 = 0.000$
M13（3normal＞1）	−7 378.88	1.041	$p_0 = 0.424$，$p_1 = 0.167$（$p_2 = 0.409$） $\mu_2 = 1.002$，$\sigma_0 = 0.000$，$\sigma_1 = 4.708$，$\sigma_2 = 0.000$

Group 3 基因也来自进化树的亚家族 2，包含 5 个基因（表 4-2）。这些基因的分析结果与 Group 2 基因相似，大部分模式下基因的平均ω值在 0.868～1.122 之间，但 M0、M1 和 M7 模式除外。在正向位点检测方面，多种分析模式的计算结果显示，基因内存在 13.5%左右的正向选择氨基酸位点。M3 检测到了 13.5%的正向氨基酸位点（$\omega = 3.250$），M8 模式检测到了 13.4%的类似

位点（ω = 3.260）。M7 与 M8 相互比较的 LRT 统计值为 21.64，其 P = 2.0e–5，进一步表明基因内存在正向选择氨基酸位点（表 4-6）。Group 3 基因编码 663 个氨基酸，基因也为 TIR-NBS-LRR 型抗病基因（图 4-3）。M8 模式共检测到 34 个正向选择位点，但后验概率大于 90%的显著性位点仅有 4 个（图 4-5），大于 95%的极显著位点仅有 2 个（表 4-3）。分布在 NBS 结构域的显著性位点有 2 个，另外 2 个分布在结构域间隔区域（图 4-5）。

表 4-6　Group 3 基因的似然值与参数估计值

Table 4-6　Likelihood values and parameter estimates for Group 3

模式 Model code	lnL	d_N/d_S	参数估算 Estimates of parameters
M0（one-ratio）	–4 909.29	0.618	$\omega = 0.618$
M1（neutral）	–4 889.05	0.558	$p_0 = 0.484$（$p_1 = 0.516$） $\omega_0 = 0.122$，$\omega_1 = 1.000$
M2（selection）	–4 879.10	0.954	$p_0 = 0.865$，$p_1 = 0.000$（$p_2 = 0.135$） $\omega_0 = 0.391$，$\omega_1 = 1.000$，$\omega_2 = 3.250$
M3（discrete）	–4 879.10	1.122	$p_0 = 0.452$，$p_1 = 0.413$（$p_2 = 0.135$） $\omega_0 = 0.391$，$\omega_1 = 0.391$，$\omega_2 = 3.250$
M4（freqs）	–4 879.27	0.868	$p_0 = 0.000$，$p_1 = 0.731$，$p_2 = 0.127$，$p_3 = 0.000$（$p_4 = 0.141$） $\omega_0 = 0.000$，$\omega_1 = 0.333$，$\omega_2 = 0.667$，$\omega_3 = 1.000$，$\omega_4 = 3.000$
M5（gamma）	–4 882.56	1.000	$\alpha = 0.734$，$\beta = 0.942$
M6（2gamma）	–4 880.57	1.049	$p_0 = 0.410$（$p_1 = 0.590$） $\alpha_0 = 46.002$，$\beta_0 = 99.000$，$\alpha_1 = 0.487$（$\beta_1 = 0.487$）
M7（beta）	–4 889.93	0.504	$p = 0.033$，$q = 0.019$

模式 Model code	lnL	d_N/d_S	参数估算 Estimates of parameters
M8（beta&ω）	–4 879.11	0.951	$p_0 = 0.866$（$p_1 = 0.134$） $p = 64.014$， $q = 99.000$， $\omega = 3.260$
M9（beta&gamma）	–4 879.46	1.004	$p_0 = 0.947$（$p_1 = 0.053$） $p = 3.152$，$q = 3.760$，$\alpha = 1.929$，$\beta = 0.087$
M10（beta&gamma+1）	–4 879.58	1.042	$p_0 = 0.949$（$p_1 = 0.051$） $p = 1.467$，$q = 1.600$，$\alpha = 0.950$，$\beta = 0.005$
M11（beta&normal＞1）	–4 879.37	1.040	$p_0 = 0.845$（$p_1 = 0.155$） $p = 14.421$， $q = 23.273$， $\mu = 1.000$，$\sigma = 2.750$
M12（0&2normal＞1）	–4 879.33	1.102	$p_0 = 0.000$（$p_1 = 0.209$） $\mu_2 = 0.361$， $\sigma_1 = 2.619$， $\sigma_2 = 0.000$
M13（3normal＞1）	–4 879.33	1.041	$p_0 = 0.194$， $p_1 = 0.106$（ $p_2 = 0.700$） $\mu_2 = 0.361$， $\sigma_0 = 1.248$， $\sigma_1 = 4.426$，$\sigma_2 = 0.000$

Group 4 基因来自进化树的亚家族 3，共包含 5 个基因（表 4-2），这些基因在大部分模式下的平均ω值在 0.781～0.904 之间，但 M0、M1、M6 和 M7 模式除外，表明基因的进化整体上处于微弱的纯化选择压力之下；M1 的置信程度明显高于 M0，M6 高于 M7 和 M1，M3 是 13 种模式中置信程度最高的模式。在正向位点检测方面，多种分析模式的计算结果显示，基因内存在 7.1%～8.7%的正向选择氨基酸位点。例如，M3 检测到有 8.7%的正向氨基酸位点（ω = 4.797），M8 模式检测到了 7.7%的类似位点（ω = 5.125）。M7 与 M8 相互比较的 LRT 统计值为 25.44，其 $P<1.0e{-6}$，进一步表明基因内存在正向选择的氨基酸位点（表 4-7）。Group 4 基因编码 446 个氨基酸，只有 1 个抗病相关

结构域 NBS，为 N 型抗病基因。M8 模式共检测到 46 个正向选择位点，其中后验概率大于 90%的显著性位点有 11 个（图 4-5），大于 95%的极显著位点有 7 个（表 4-3）。仅有 2 个显著性位点分布在 NBS 结构域，1 个分布在 N 端非结构域区域，剩余 8 个分布在基因的 C 端区域（图 4-5）。

表 4-7　Group 4 基因的似然值与参数估计值

Table 4-7　Likelihood values and parameter estimates for Group 4

模式 Model code	lnL	d_N/d_S	参数估算 Estimates of parameters
M0（one-ratio）	−3 906.02	0.561	$\omega = 0.561$
M1（neutral）	−3 861.76	0.558	$p_0 = 0.470$（$p_1 = 0.530$） $\omega_0 = 0.059$，$\omega_1 = 1.000$
M2（selection）	−3 850.08	0.906	$p_0 = 0.438$，$p_1 = 0.491$（$p_2 = 0.071$） $\omega_0 = 0.069$，$\omega_1 = 1.000$，$\omega_2 = 5.430$
M3（discrete）	−3 849.73	0.879	$p_0 = 0.329$，$p_1 = 0.583$（$p_2 = 0.087$） $\omega_0 = 0.000$，$\omega_1 = 0.787$，$\omega_2 = 4.797$
M4（freqs）	−3 850.87	0.781	$p_0 = 0.301$，$p_1 = 0.049$，$p_2 = 0.508$，$p_3 = 0.000$（$p_4 = 0.142$） $\omega_0 = 0.000$，$\omega_1 = 0.333$，$\omega_2 = 0.667$，$\omega_3 = 1.000$，$\omega_4 = 3.000$
M5（gamma）	−3 851.81	0.837	$\alpha = 0.533$，$\beta = 0.600$
M6（2gamma）	−3 852.14	0.940	$p_0 = 0.000$（$p_1 = 1.000$） $\alpha_0 = 1.289$，$\beta_0 = 0.094$，$\alpha_1 = 0.512$（$\beta_1 = 0.512$）
M7（beta）	−3 862.63	0.563	$p = 0.090$，$q = 0.070$
M8（beta&ω）	−3 849.91	0.891	$p_0 = 0.923$（$p_1 = 0.077$） $p = 0.174$，$q = 0.151$，$\omega = 5.125$

模式 Model code	lnL	d_N/d_S	参数估算 Estimates of parameters
M9（beta&gamma）	–3 849.86	0.882	$p_0 = 0.569$（$p_1 = 0.431$） $p = 52.169$，$q = 14.789$，$\alpha = 0.038$，$\beta = 0.005$
M10（beta&gamma+1）	–3 850.77	0.851	$p_0 = 0.821$（$p_1 = 0.179$） $p = 0.551$，$q = 0.834$，$\alpha = 0.957$，$\beta = 0.400$
M11（beta&normal＞1）	–3 850.09	0.902	$p_0 = 0.941$（$p_1 = 0.059$） $p = 0.237$，$q = 0.212$，$\mu = 7.994$，$\sigma = 11.855$
M12（0&2normal＞1）	–3 849.89	0.873	$p_0 = 0.325$（$p_1 = 0.204$） $\mu_2 = 0.742$，$\sigma_1 = 4.128$，$\sigma_2 = 0.000$
M13（3normal＞1）	–3 849.85	0.884	$p_0 = 0.343$，$p_1 = 0.124$（$p_2 = 0.533$） $\mu_2 = 0.793$，$\sigma_0 = 0.000$，$\sigma_1 = 4.772$，$\sigma_2 = 0.000$

Group 5 基因来自进化树的亚家族 4，共有 4 个基因（表 4-2），它们在大部分模式下的平均ω值处于 1.042～2.517 之间，但 M0、M1 和 M7 模式除外，表明基因进化整体上处于正向选择压力之下。在 13 种模式中，M3 模式的置信程度最高，而置信程度最低的是 M0 模式。正向位点检测结果显示，基因内存在 16.7%～35.8%的正向选择氨基酸位点。其中 M3 检测到的正向选择氨基酸位点（$\omega_1 = 3.350$）为 35.8%，极强的正向选择氨基酸位点（$\omega_2 = 46.144$）为 2.69%，M8 模式检测到的类似位点（$\omega = 6.719$）也有 15.9%。M7 与 M8 相互比较的 LRT 统计值为 172.72，其 P＜1.0e–6，进一步表明基因内存在正向选择的氨基酸位点（表 4-8）。Group 5 基因编码 1 069 个氨基酸，为 TIR-NBS-LRR 型抗病基因，M8 模式共检测到 228 个正向选择位点，其中后验概率大于 90%的显著性位点有 95 个（图 4-5），大于 95%的极显著位

点有 64 个（表 4-3）。显著性位点的分布主要集中在 2 个区域：NBS 的 3’末端和 NBS 与 LRR 间隔区域，分别包含 27 与 38 个位点；分布在 TIR 区域、TIR 与 NBS 间隔区域以及 LRR 区域的位点数分别为 1 个、12 个和 13 个（图 4-5）。

Group 6 基因来自进化树的亚家族 5，共有 4 个基因（表 4-2）。Group 6 中基因的分析结果是 8 个 Group 中变化最大的一个，也是基因的平均ω值最低的一个，大部分模式下的ω值在 0.367～0.374 之间，但 M0、M1、M2 和 M8 模式除外，表明基因的进化整体上处于极强的纯化选择压力之下；13 种模式中，M8 模式的置信程度最高，且ω值显著大于 1，表明基因内存在正向选择位点，而且选择压力极强。分析结果显示，正向选择的氨基酸位点仅占基因全部位点的 0.6%～1.6%。其中 M3 仅检测到了 0.6%的正向氨基酸位点，作用于这些氨基酸位点的选择压力下极强（ω＝9.237），M8 模式检测到了 1.6%的类似位点（ω＝606.3）。Group 6 基因编码 877 个氨基酸，为 NBS-LRR 型抗病基因，M7 与 M8 相互比较的 LRT 统计值为 25.96，其 P＜1.0e–6，进一步表明基因内存在正向选择的氨基酸位点（表 4-9）。M8 模式共检测到 6 个正向选择位点，但没有位点的后验概率大于 90%，因而都处于显著水平以下（图 4-5）。

表 4-8　Group 5 基因的似然值与参数估计值

Table 4-8　Likelihood values and parameter estimates for Group 5

模式 Model code	lnL	d_N/d_S	参数估算 Estimates of parameters
M0（one-ratio）	–8 731.94	0.996	ω＝0.996
M1（neutral）	–8 630.65	0.558	$p_0=0.442$（$p_1=0.558$） $\omega_0=0.000$，$\omega_1=1.000$
M2（selection）	–8 545.48	1.532	$p_0=0.361$，$p_1=0.472$（$p_2=0.167$） $\omega_0=0.000$，$\omega_1=1.000$，$\omega_2=6.340$
M3（discrete）	–8 526.89	2.517	$p_0=0.616$，$p_1=0.358$（$p_2=0.026$） $\omega_0=0.184$，$\omega_1=3.350$，$\omega_2=46.144$

模式 Model code	lnL	d_N/d_S	参数估算 Estimates of parameters
M4（freqs）	−8 557.91	1.138	$p_0=0.258$，$p_1=0.408$，$p_2=0.000$，$p_3=0.000$（$p_4=0.334$） $\omega_0=0.000$，$\omega_1=0.333$，$\omega_2=0.667$，$\omega_3=1.000$，$\omega_4=3.000$
M5（gamma）	−8 579.85	1.159	$\alpha=0.797$，$\beta=0.659$
M6（2gamma）	−8 540.93	1.831	$p_0=0.618$（$p_1=0.382$） $\alpha_0=0.270$，$\beta_0=0.097$，$\alpha_1=0.860$（$\beta_1=0.860$）
M7（beta）	−8 632.09	0.600	$p=0.007$，$q=0.005$
M8（beta&ω）	−8 545.73	1.572	$p_0=0.841$（$p_1=0.159$） $p=007$，$q=005$，$\omega=6.719$
M9（beta&gamma）	−8 540.94	1.734	$p_0=0.615$（$p_1=0.385$） $p=0.005$，$q=0.006$，$\alpha=0.812$，$\beta=0.192$
M10（beta&gamma+1）	−8 539.65	1.042	$p_0=0.357$（$p_1=0.643$） $p=0.005$，$q=8.411$，$\alpha=0.206$，$\beta=0.089$
M11（beta&normal＞1）	−8 542.15	1.681	$p_0=0.730$（$p_1=0.270$） $p=0.017$，$q=0.018$，$\mu=1.000$，$\sigma=5.377$
M12（0&2normal＞1）	−8 530.27	2.278	$p_0=0.492$（$p_1=0.126$） $\mu_2=2.428$，$\sigma_1=26.597$，$\sigma_2=0.000$
M13（3normal＞1）	−8 537.64	1.953	$p_0=0.448$，$p_1=0.096$（$p_2=0.455$） $\mu_2=2.040$，$\sigma_0=0.000$，$\sigma_1=16.506$，$\sigma_2=0.000$

表 4-9　Group 6 基因的似然值与参数估计值

Table 4-9　Likelihood values and parameter estimates for Group 6

模式 Model code	lnL	d_N/d_S	参数估算 Estimates of parameters
M0（one-ratio）	−7 930.29	0.314	$\omega=0.314$
M1（neutral）	−7 885.77	0.407	$p_0=0.679$（$p_1=0.321$） $\omega_0=0.126$，$\omega_1=1.000$

模式 Model code	lnL	d_N/d_S	参数估算 Estimates of parameters
M2（selection）	−7 874.47	15.905	$p_0=0.682$，$p_1=0.303$（$p_2=0.016$） $\omega_0=0.134$，$\omega_1=1.000$，$\omega_2=998.772$
M3（discrete）	−7 879.63	0.382	$p_0=0.451$，$p_1=0.543$（$p_2=0.006$） $\omega_0=0.044$，$\omega_1=0.570$，$\omega_2=9.237$
M4（freqs）	−7 882.72	0.374	$p_0=0.343$，$p_1=0.262$，$p_2=0.384$，$p_3=0.000$（$p_4=0.010$） $\omega_0=0.000$，$\omega_1=0.333$，$\omega_2=0.667$，$\omega_3=1.000$，$\omega_4=3.000$
M5（gamma）	−7 884.91	0.374	$\alpha=0.794$，$\beta=2.035$
M6（2gamma）	−7 884.17	0.384	$p_0=0.842$（$p_1=0.158$） $\alpha_0=0.760\beta_0=2.722$，$\alpha_1=99.000$（$\beta_1=99.000$）
M7（beta）	−7 883.49	0.371	$p=0.385$，$q=0.651$
M8（beta&ω）	−7 870.51	9.953	$p_0=0.984$（$p_1=0.016$） $p=0.451$，$q=0.811$，$\omega=606.300$
M9（beta&gamma）	−7 883.37	0.367	$p_0=0.550$（$p_1=0.450$） $p=1.210$，$q=14.717$，$\alpha=71.158$，$\beta=99.000$
M10（beta&gamma+1）	−7 883.49	0.371	$p_0=1.000$（$p_1=0.000$） $p=0.385$，$q=0.652$，$\alpha=0.692$，$\beta=1.088$
M11（beta&normal＞1）	−7 883.49	0.371	$p_0=1.000$（$p_1=0.000$） $p=0.385$，$q=0.651$，$\mu=1.337$，$\sigma=2.124$
M12（0&2normal＞1）	−7 883.43	0.368	$p_0=0.281$（$p_1=0.000$） $\mu_2=0.454$，$\sigma_1=1.174$，$\sigma_2=0.339$
M13（3normal＞1）	−7 883.63	0.371	$p_0=0.803$，$p_1=0.000$（$p_2=0.197$） $\mu_2=0.000$，$\sigma_0=0.590$，$\sigma_1=11.331$，$\sigma_2=0.000$

Group 7 基因来自进化树的亚家族 6，共有 4 个基因（表 4-2）。它们在大部分模式下的平均ω值处于 1.186～1.395 之间，表明基因进化整体上处于微弱的正向选择压力之下，但 M0、M1、M3、M6 和 M7 模式除外，因为它们所得结果的置信程度偏低，基因的平均ω值偏离了上述范围。13 种模式中，M3 模式的置信程度最高，且平均ω值显著大于 1，表明基因内存在正向选择位点。正向位点检测结果显示，基因内存在 30%～55%的正向选择的氨基酸位点。其中 M3 检测到了 55.0%的正向氨基酸位点，作用于这些位点的正向选择压力较弱（ω_1 = 1.953），而另外 2.2%的氨基酸位点则处于极强的正向选择下（ω_2 = 41.758），M8 模式检测到了 34.5%的类似位点（ω = 2.641）。M7 与 M8 相互比较的 LRT 统计值为 54.98，其 P<1.0e–6，进一步表明基因内存在正向选择的氨基酸位点（表 4-10）。Group 7 基因编码 787 个氨基酸，包含抗病相关结构域 NBS 和 LRR 以及 1 个与抗病无关的结构域 zf-C2HC plant，为 NBS-LRR 型抗病基因。M8 模式共检测到 354 个正向选择位点，是全部基因中正向位点最多的 1 个 Group，其中后验概率大于 90%的显著性位点有 171 个（图 4-5），大于 95%的极显著位点有 84 个（表 4-3）。显著性位点的分布主要集中在 3 个区域：结构域 zf-C2HC 前面的 5’端区域，zf-C2HC 与 NBS 结构域的间隔区域以及 NBS 结构域，分别包含 34、51 和 66 个显著性正向选择位点，而在 zf-C2HC 与 LRR 区域的显著性正向选择位点较少，仅有 8 个和 7 个（图 4-5）。

Group 8 基因来自进化树的亚家族 7，共有 4 个基因（表 4-2）。它们在大部分模式下的平均ω值处于 0.582～0.697 之间，表明基因的进化整体上处于正向选择压力之下，但 M0、M1 和 M7 模式除外，它们所得结果的置信程度偏低，使得基因的平均ω值偏离了上述范围，其中 M1 模式优于 M0 模式，M2 和 M3 模式分析结果相同，为 13 种模式中置信程度最高的模式。正向位点检测结果显示，基因内存在 14.3%左右的正向选择氨基酸位点，其中 M2 和 M3 模式检测到的正向氨基酸位点同为 14.3%，它们检测到的ω值均为 3.129；M8 模式检测到了 14.2%的类似位点（ω = 3.149）。M7 与 M8 相互比较的 LRT 统计值为 17.68，其 $P = 1.4e{-4}$，进一步表明基因内存在正向选择的氨基酸位点（表 4-11）。Group 8 基因编码 354 个氨基酸，仅有 1 个 NBS 结构域，为 N 型抗病基因，M8 模式共检测到 17 个正向选择位点，其中后验概率大于 90%的显著性位点仅有 3 个（图 4-5，表 4-3），它们全在 NBS 结构域中，但均未达到 95%的极显著水平（表 4-11）。

表 4-10 Group 7 基因的似然值与参数估计值

Table 4-10 Likelihood values and parameter estimates for Group 7

模式 Model code	lnL	d_N/d_S	参数估算 Estimates of parameters
M0（one-ratio）	−7 516.91	0.785	$\omega = 0.785$
M1（neutral）	−7 419.38	0.635	$p_0 = 0.365$（$p_1 = 0.635$） $\omega_0 = 0.000$，$\omega_1 = 1.000$
M2（selection）	−7 395.48	1.187	$p_0 = 0.360$，$p_1 = 0.340$（$p_2 = 0.300$） $\omega_0 = 0.000$，$\omega_1 = 1.000$，$\omega_2 = 2.826$
M3（discrete）	−7 388.91	2.025	$p_0 = 0.428$，$p_1 = 0.550$（$p_2 = 0.022$） $\omega_0 = 0.039$，$\omega_1 = 1.953$，$\omega_2 = 41.758$
M4（freqs）	−7 395.54	1.211	$p_0 = 0.355$，$p_1 = 0.000$，$p_2 = 0.000$， $p_3 = 0.361$（$p_4 = 0.283$） $\omega_0 = 0.000$，$\omega_1 = 0.333$，$\omega_2 = 0.667$， $\omega_3 = 1.000$，$\omega_4 = 3.000$
M5（gamma）	−7 400.62	1.338	$\alpha = 0.542$，$\beta = 0.382$
M6（2gamma）	−7 405.29	0.947	$p_0 = 0.000$（$p_1 = 1.000$） $\alpha_0 = 0.105$，$\beta_0 = 0.177$，$\alpha_1 = 0.599$ （$\beta_1 = 0.599$）
M7（beta）	−7 423.20	0.700	$p = 0.012$，$q = 0.005$
M8（beta&ω）	−7 395.71	1.186	$p_0 = 0.655$（$p_1 = 0.345$） $p = 0.020$，$q = 0.027$，$\omega = 2.641$

模式 Model code	lnL	d_N/d_S	参数估算 Estimates of parameters
M9（beta&gamma）	−7 400.62	1.338	$p_0 = 0.000$（$p_1 = 1.000$） $p = 1.000$， $q = 2.036$， $\alpha = 0.542$， $\beta = 0.382$
M10（beta&gamma+1）	−7 394.68	1.227	$p_0 = 0.357$（$p_1 = 0.643$） $p = 0.005$， $q = 0.439$， $\alpha = 0.603$， $\beta = 0.579$
M11（beta&normal＞1）	−7 395.07	1.212	$p_0 = 0.523$（$p_1 = 0.477$） $p = 0.026$， $q = 0.061$， $\mu = 1.000$， $\sigma = 1.633$
M12（0&2normal＞1）	−7 392.41	1.395	$p_0 = 0.389$（$p_1 = 0.171$） $\mu_2 = 1.654$，$\sigma_1 = 7.049$，$\sigma_2 = 0.000$
M13（3normal＞1）	−7 393.79	1.284	$p_0 = 0.348$，$p_1 = 0.204$（$p_2 = 0.448$） $\mu_2 = 1.565$，$\sigma_0 = 0.000$，$\sigma_1 = 3.777$， $\sigma_2 = 0.000$

表 4-11　Group 8 基因的似然值与参数估计值

Table 4-11　Likelihood values and parameter estimates for Group 8

模式 Model code	lnL	d_N/d_S	参数估算 Estimates of parameters
M0（one-ratio）	−2 786.08	0.395	$\omega = 0.395$
M1（neutral）	−2 764.48	0.429	$p_0 = 0.661$（$p_1 = 0.339$） $\omega_0 = 0.137$，$\omega_1 = 1.000$
M2（selection）	−2 758.08	0.668	$p_0 = 0.857$，$p_1 = 0.000$（$p_2 = 0.143$） $\omega_0 = 0.257$，$\omega_1 = 1.000$，$\omega_2 = 3.129$
M3（discrete）	−2 758.08	0.668	$p_0 = 0.206$，$p_1 = 0.651$（$p_2 = 0.143$） $\omega_0 = 0.257$，$\omega_1 = 0.257$，$\omega_2 = 3.129$
M4（freqs）	−2 758.61	0.647	$p_0 = 0.127$，$p_1 = 0.739$，$p_2 = 0.000$， $p_3 = 0.000$（$p_4 = 0.133$） $\omega_0 = 0.000$，$\omega_1 = 0.333$，$\omega_2 = 0.667$， $\omega_3 = 1.000$， $\omega_4 = 3.000$
M5（gamma）	−2 762.29	0.582	$\alpha = 0.573$，$\beta = 0.930$
M6（2gamma）	−2 759.37	0.587	$p_0 = 0.476$（$p_1 = 0.524$） $\alpha_0 = 28.516$，$\beta_0 = 99.000$，$\alpha_1 = 0.394$ （$\beta_1 = 0.394$）

模式 Model code	lnL	d_N/d_S	参数估算 Estimates of parameters
M7（beta）	–2 766.94	0.449	$p = 0.289$，$q = 0.355$
M8（beta&ω）	–2 758.10	0.668	$p_0 = 0.858$（$p_1 = 0.142$） $p = 0.34.687, q = 99.000, \omega = 3.149$
M9（beta&gamma）	–2 758.42	0.667	$p_0 = 0.848$（$p_1 = 0.152$） $p = 31.136$，$q = 99.000$，$\alpha = 6.767$， $\beta = 2.054$
M10（beta&gamma+1）	–2 758.56	0.664	$p_0 = 850$（$p_1 = 0.150$） $p = 4.104$，$q = 11.284$，$\alpha = 3.313$， $\beta = 1.355$
M11（beta&normal＞1）	–2 758.57	0.697	$p_0 = 0.850$（$p_1 = 0.150$） $p = 0.385$，$q = 0.651$，$\mu = 1.337$， $\sigma = 2.124$
M12（0&2normal＞1）	–2 758.40	0.667	$p_0 = 0.000$（$p_1 = 0.199$） $\mu_2 = 0.233$，$\sigma_1 = 2.724$，$\sigma_2 = 0.000$
M13（3normal＞1）	–2 758.40	0.667	$p_0 = 0.155$，$p_1 = 0.087$（$p_2 = 0.759$） $\mu_2 = 0.233$，$\sigma_0 = 1.605$，$\sigma_1 = 5.406$， $\sigma_2 = 0.000$

在上述研究的基础上，为了进一步分析抗病基因的进化机制，尤其是基因转换对基因进化的影响，本研究从全长基因进化树中选择含 2 个以上基因的 7 个亚家族与基因组 9 个多基因位点，采用 Global 和 Pairwise 模式分别计算基因之间的基因交换。计算结果显示，7 个亚家族的基因间存在大量的基因交换事件，两种计算方法的平均基因交换频率分别为 1.136 和 2.196，基因交换的片段平均长度分别为 67.012bp 和 60.322bp；而且不同亚家族基因之间的交换频率差异明显，由 0.516 至 6.000 不等；交换片段的长度也存在显著的差异，由 10bp 至 537bp 不等（表 4-12）。对于 9 个基因组位点的基因来说，除了 Scaffold_29 上没有发生基因交换外，其余 8 个位点的基因相互之间均存在不同频率的基因交换。两种计算模式获得的基因交换平均频率分别为 1.481 和 2.101，交换片段的平均长度分别为 55.735bp 和 66.663bp。

此外还发现，不同基因组位点之间的基因交换频率明显不同，最低的仅为 0.667（LG_III），最高则达 6.333（Scaffold_245）；彼此之间交换片段的长度也存在显著差异，最短的仅有 11bp，最长的则达 314bp。

表 4-12　毛果杨抗病基因亚家族与基因组位点内基因转换数量与长度（$P<0.05$）

Table 4-12　Number and length of significant（$P<0.05$）intergenic exchange events detected between resistance genes from *P. trichocarpa* within subfamilies and genomic loci.

A	全局列表 Global lists		平行列表 Pairwise lists	
进化包 Phylogenetic clad	成对比较交换数 Exchanges per pairwise comparison	交换长度 Exchange length（bp）	成对比较交换数 Exchanges per pairwise comparison	交换长度 Exchange length（bp）
Subfamily 1	0.654	25～172	1.752	17～183
Subfamily 2	0.516	20～ 243	1.242	14～ 154
Subfamily 3	3.733	12～537	5.400	10～537
Subfamily 4	2.619	12～242	4.048	10～242
Subfamily 5	0.467	11～460	0.733	11～460
Subfamily 6	4.200	11～508	5.700	9～508
Subfamily 7	6.000	10～314	7.333	10～314
	Average			
	1.136	67.012	2.196	60.322
	Standard deviation			
	2.164	66.835	2.544	79.741
B	全局列表 Global lists		平行列表 Pairwise lists	
簇 Cluster	成对比较交换数 Exchanges per pairwise comparison	交换长度 Exchange length（bp）	成对比较交换数 Exchanges per pairwise comparison	交换长度 Exchange length（bp）
Scaffold_117	1.000	24～154	1.600	24～154
LG_XIX	3.000	25～186	3.333	25～186

B	全局列表 Global lists		平行列表 Pairwise lists	
簇 Cluster	成对比较交换数 Exchanges per pairwise comparison	交换长度 Exchange length（bp）	成对比较交换数 Exchanges per pairwise comparison	交换长度 Exchange length（bp）
Scaffold_212	0.889	29～144	1.694	29～144
Scaffold_155	5.833	11～162	7.167	11～162
Scaffold_29	0	0	0	0
LG_III	0.667	51～93	1.000	49～91
Scaffold_41	1.000	21～177	1.000	21～177
Scaffold_243	1.167	17～38	1.833	17～95
Scaffold_245	6.333	13～314	6.333	13～314
	Average			
	1.481	55.735	2.101	66.663
	Standard deviation			
	2.339	51.354	2.438	152.981

A：全长 cDNA 进化树中的亚家族内. B：毛果杨相同基因组位点内。

4.2.4 抗病基因在三倍体毛白杨各器官中的相对表达

为了探讨每个毛果杨抗病基因的可能潜在生物学功能，本研究全面分析了所有抗病基因在三倍体毛白杨体内的表达特性。首先用 74 个抗病基因的特异引物进行 RT-PCR 分析，从中筛选得到 27 个在三倍体毛白杨中稳定表达的基因，它们占全部参试基因的 36.5%。另外，27 个基因分布在全长 cDNA 进化树的前 10 个亚家族中，但各亚家族中表达基因的数量各不相同，其中亚家族 1 中的数量最多（为 6 个），占全亚家族基因的 28.6%；亚家族 2、5 和 6 中的数量均为 4 个，分别占各自亚家族的 25.0%、66.7%和 80.0%；亚家族 4 包含 3 个，占亚家族的 37.5%；亚家族 7 包含 2 个，占亚家族的 50.0%；剩余的亚家族 3、8 至 10 均只含 1 个基因，其中亚家族 3 中表达基因的比率最低，仅为

12.5%，亚家族8和9的比率均为50.0%，而亚家族10的比率最高（可达100%）（图4-3）。

在上述研究的基础上，运用荧光定量PCR技术，定量分析了各基因在三倍体毛白杨6种组织器官中的表达。结果发现，同一基因在三倍体毛白杨不同的组织器官中的表达水平存在显著差异（图4-6，图4-7）。例如，DQ513240基因在顶端叶片（AL）中的表达水平是嫩皮（YB）中表达水平97倍。19个基因在顶端叶片（AL）的表达水平最高，3个基因在嫩皮（YB）中的表达水平最高，5个基因在成熟树皮部位（MB）的表达水平最高；而表达水平最低的基因分布于成熟叶片（ML）、嫩皮和根部（R）这3种器官中，分别有8个、11个和5个基因。表达的27个基因中，DQ513199、DQ513210、DQ513211、DQ513233、DQ513253和DQ513204这6个基因在顶端叶片中的表达水平明显高于在其他5种器官中的表达水平（2倍以上差距）；同样，DQ513198和DQ513248基因在的嫩皮中的表达水平以及DQ270667、DQ270668和DQ513236基因在成熟叶片中的表达水平也显著高于它们在其它组织器官中的表达水平，表明这10个基因在对应的器官中具有更高的生物学活性，可能参与器官特异的代谢活动。分析同一基因在两种叶片中的表达水平发现，24个基因在顶端叶片（AL）中的表达水平显著高于在成熟叶片（ML）中表达水平；在树干皮部也找到了22个具有类似表达特性的基因，它们在成熟树皮（MB）中的表达水平明显高于在嫩皮（YB）中的表达水平。同一基因在相同类型但不同发育时期的器官中的表达水平存在显著差异，说明这些基因除了参与杨树抗病相关的生物学活动外，还可能与杨树叶片和树干次生生长发育相关。

表 4-13　荧光定量 PCR 分析所用引物序列

Table 4-13　Oligonucleotide primers for real-time PCR analysis

基因 Gene	序列 Sequence	扩增长度 Amplified fragment（bp）
DQ513204	Forward：5′-TCGTCAACTCTTCAGTCTGTCTG-3′ Reverse：5′- TTTCCCAGTCCTCTTTCCTTTGG-3′	158
DQ513205	Forward：5′-AAAGCTTGCCTGTCTTCCAA-3′ Reverse：5′- GACCAAAGGTTGATGGCAGT-3′	173
DQ513208	Forward：5′-AATCCATTTCCAACCACTCCACA-3′ Reverse：5′- AGTCCCATTCTCTGTAGCATCCT-3′	162
DQ513210	Forward：5′-TTTGAAGTTTGTCAGCGAATGGTC-3′ Reverse：5′-AACCAGCACATTCTCTTGCCATA-3′	153
DQ513211	Forward：5′-TCATTTGGAGTTTGTCAGCGGATG-3′ Reverse：5′-GGTTCCGGCCATTGTTATAATTCC-3′	165
DQ513213	Forward：5′-GCCTTCTTTATCGGGTCTGTGTTC-3′ Reverse：5′-ATCCTCCAAGACAAGCATTTCAAGT-3′	192
DQ513220	Forward：5′-ATCGAACCTGCTCTCTGGAA-3′ Reverse：5′-GTGTGCCCCATCTCTTTCAT-3′	137
DQ513224	Forward：5′-TGTCTGAGGTCCATCCATCA-3′ Reverse：5′-GTGCAGCCATCAAGAGTGAA-3′	136
DQ513227	Forward：5′-ATTTTCATGGCTTCCACCAG-3′ Reverse：5′-AGTTGTTCCGGGTGTCTTTG-3′	121
DQ513228	Forward：5′-AACTTTGCTACCTCTTGGTGTATCG-3′ Reverse：5′-CCTTCTCAACTGTTTCAATCTTCCC-3′	184
DQ513230	Forward：5′-AAACAACAGTCGTGGTAGCCATA-3′ Reverse：5′-CGTTCTTCAAATGTTCTGGGCAG-3′	181
DQ513233	Forward：5′-GCTGCAATCCGGTATCAACT-3′ Reverse：5′-GGTCTGGCGTCTCCATGTAT-3′	180
DQ513234	Forward：5′-AGACCAGGACTTTGTAGCAATCG-3′ Reverse：5′-CCCAGAATGTAAGCAACGAACGA-3′	142
DQ513236	Forward：5′-TGCTTACGAGATGGAAGATGCTC-3′ Reverse：5′-CTCTGGATTTGATGGCTCGGATT-3′	160

基因 Gene	序列 Sequence	扩增长度 Amplified fragment （bp）
DQ513237	Forward：5′-CGGAGTTGGGAAGATAGCCATAG-3′ Reverse：5′-TCTCGTCAACAGTCTTGTTTAGG-3′	169
DQ513239	Forward：5′-TAGCAGGCTCAAGCAATAACGAG -3′ Reverse：5′-CCACAAGTTCAATCCCTCCAATC -3′	162
DQ513240	Forward：5′-CGGTGCTATGTTTGGATGAGACT-3′ Reverse：5′- TAAGTTCAGAGCAGCCAGACAGA-3′	173
DQ513248	Forward：5′- TGGCCCTACCTAGTCACCAC-3′ Reverse：5′-TTTCCTCGGGTAGGGACTCT-3′	147
DQ513250	Forward：5′-GTGTCCGGTCAATTTTGCTT-3′ Reverse：5′-TGGAATGTGCGTAGAAGCTG-3′	158
DQ513253	Forward：5′- CTGCTCCAAATACACACCTGATG -3′ Reverse：5′-CTCGGTAAGGGTTGTCTCCCAAT-3′	155
DQ513255	Forward：5′-TGACAGGGAAGCAATACTGAAGT-3′ Reverse：5′-TTCTGAAACACAAACCCAGGCT-3′	177
DQ270663	Forward：5′-AAGTCGGCAGTGGAAAGAGATAC-3′ Reverse：5′-CACAAACCAAGAAGCAATAAACCG-3′	167
DQ270667	Forward：5′-TAAATGCTTTGATGGGAGAGCGA-3′ Reverse：5′-TAATCTTCTGCTGGCTTGGTGTC-3′	183
DQ270668	Forward：5′-CTAGCCGATGGGATTGAAAA-3′ Reverse：5′-GAAATTGATGGAGGCCAAGA-3′	149
DQ270671	Forward：5′-GAGACCGTTGCGGTTACAAT-3′ Reverse：5′-CCAGGTTCTTTTGGAGACGA-3′	151
DQ513198	Forward：5′-ATATTCGTGGACTTGCCCAAAGC-3′ Reverse：5′- CTGGCAATGACTTTGAAGGGTAAG-3′	165
DQ513199	Forward：5′-TCCTTCGCCGATGTGTATTAGTT-3′ Reverse：5′-TTCTTCACCTTTACTCCTGGCTC-3′	168
ACTIN	Forward：5′-CTCCATCATGAAATGCGATG-3′ Reverse：5′-TTGGGGCTAGTGCTGAGATT-3′	128

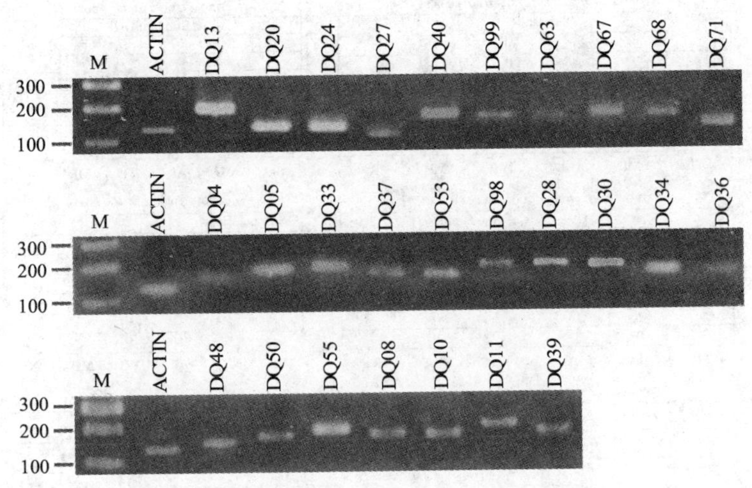

图 4-6 荧光定量 PCR 分析所用引物的特异性分析

Fig. 4-6 Specificity of quantitative real time PCR primers

抗病基因简化为字母“DQ”加上基因登录号的最后 2 个阿拉伯数字，M：100 bp DNA ladder

进一步分析发现，在同一种器官中，不同基因的表达水平也存在显著差异（图 4-6）。例如，在顶端叶片（AL）中，DQ513234 基因的表达水平比 DQ513198 基因的表达水平高出 788 倍。全部 27 个基因中，DQ513220、DQ270667、DQ270671、DQ513234 和 DQ513233 这 5 个基因在大部分器官中的表达水平显著高于其他基因，尤其是 DQ513233 基因，它的绝对表达量是内参 *ACTIN* 基因表达水平的 54.06 倍，表明这些杨树抗病基因具有更高的生物学活性。与上述基因相反，DQ513199、DQ270663 和 DQ513204 这 3 个基因在大部分器官中的表达水平明显低于其他基因。以 DQ513204 基因为例，它的表达水平不到内参 *ACTIN* 基因表达水平的 0.005 倍。

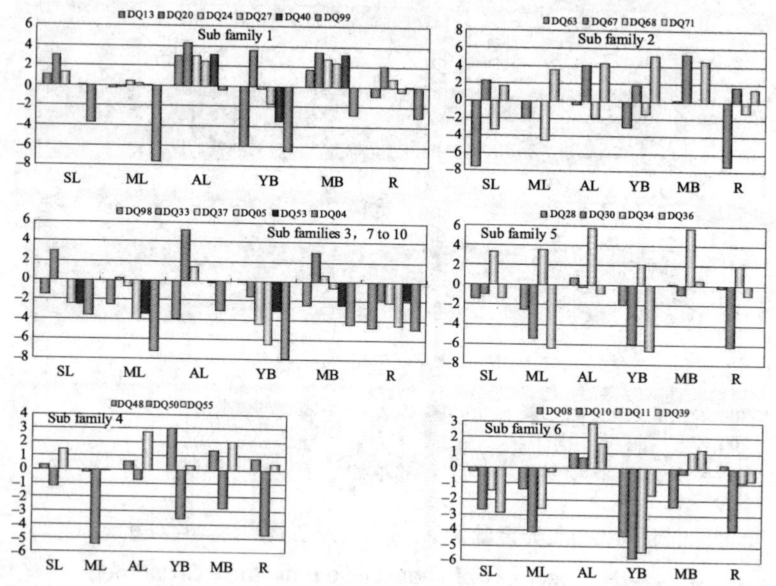

图 4-7　荧光定量法分析 27 个抗病基因在三倍体毛白杨组织器官中的表达

Fig. 4-7　Relative expression profile of 27 resistance genes in organs of triploid poplar

抗病基因的转录水平表示为 $\log_2 R$，R 定义为 RGA 的绝对转录量与内参 *ACTIN* 基因绝对转录量的比值，由于计算结果是比值，所以无法显示检测结果的方差. 抗病基因简化为字母“DQ”加上基因登录号的最后 2 个阿拉伯数字. SL：组培苗叶片，ML：成熟叶片，AL：顶部嫩叶，YB：顶部嫩皮，MB：树干底部成熟树皮，R：18 个月大的三倍体毛白杨树根

另外，各亚家族包含的在大部分器官中表达水平高于或接近 *ACTIN* 的基因数量差异显著。亚家族 1 包含 5 个基因（DQ513213、DQ513220、DQ513224、DQ513227 和 DQ513240），占该亚家族参试基因的 83.3%；亚家族 2 和 4 均有 2 个基因，分别占各自亚家族的 50.0%（DQ270667 和 DQ270671）和 66.7%（DQ513248 和 D5132Q55）；亚家族 5 与 7 都仅有 1 个基因，分别占各自亚家族的 25.0%（DQ513234）和 50.0%（DQ513233）；而亚家族 3、

6、8 至 10 均没有高水平表达的基因。亚家族 1 和 4 中具有较高比率的高水平表达基因，表明这些亚家族基因具有更高的生物学活性。

为了研究引物序列多态性对基因表达水平检测结果的影响，本研究对比分析三倍体毛白杨 RGA 与毛果杨抗病基因在三倍体毛白杨 3 种器官中（根、成熟树皮以及成熟叶片）的表达水平，结果发现，在同种器官中，相对表达水平在 0.1～1.0 之间的毛白杨 RGA 与毛果杨抗病基因的百分率相同或非常接近（表 4-14）。在成熟叶片中，尽管相对表达水平高于 10.0 的毛白杨 RGA 的比率（33.3%）高于对应的毛果杨抗病基因的比率（7.4%），但相对表达水平在 1.0～10.0 之间的毛白杨 RGA 的比率（5.6%）显著低于对应的毛果杨抗病基因的比率（14.8%）。在成熟树皮中表达的毛白杨 RGA 与毛果杨抗病基因与成熟叶片中相同（表 4-14）。在根部，相对表达水平在 1.0～10.0 之间的毛白杨 RGA 的比率仅为 5.6%，而对应的毛果杨抗病基因的比率确高达 33.3%；另外，还在根部检测到相对表达水平低于 0.001 的毛白杨 RGA，其百分率高达 16.7%，而处于相同表达水平的毛果杨抗病基因则未在根部发现。上述结果表明，三倍体毛白杨 RGA 与毛果杨抗病基因在三倍体毛白杨各组织器官中的表达不存在系统偏向性(Systemic bias)，这说明以不同物种特异基因设计的引物没有显著影响基因表达水平的检测结果。

4.2.5 抗病基因在逆境条件下的应答反应

为了揭示抗病基因对逆境条件的应答反应，本研究用多种非生物逆境和生物逆境胁迫处理三倍体毛白杨，分析各抗病基因的表达变化，结果如图 4-8 所示。在各种胁迫条件下，27 个基因呈现出不同方式和不同程度的响应。为了突出表达变化，本研究只考虑变化幅度在 2 倍或以上的基因。

表 4-14 在三倍体毛白杨各组织器官中具有不同表达水平的基因数量与百分率

Table 4-14 Number and percentage of genes with various expression levels in the triploid poplar tissues.

基因来源 Gene source	总数 Total number	组织 Tissue	表达水平 Expression level					
			＞10.0	10.0～1.0	1.0～10^{-1}	10^{-1}～10^{-2}	10^{-2}～10^{-3}	＜10^{-3}
RGAs	18	ML	6（33.3）	1（5.6）	8（44.4）	2（11.1）	1（5.6）	0
		MB	8（44.4）	0	5（27.8）	5（27.8）	0	0
		R	0	1（5.6）	6（33.3）	6（33.3）	2（11.1）	3（16.7）
RGs	27	ML	2（7.4）	4（14.8）	12（44.4）	7（25.9）	2（7.4）	0
		MB	4（14.8）	13（48.1）	9（33.3）	1（3.7）	0	0
		R	0	9（33.3）	11（40.7）	6（22.2）	1（3.7）	0

表达水平定义为基因 Rn 比值（R 为目标基因的绝对值与内参 *ACTIN* 基因绝对值的比值）. RGA 为三倍体毛白杨抗病基因同源序列. RGs 为毛果杨 NBS 型抗病基因.（n）为基因所占百分率（%）

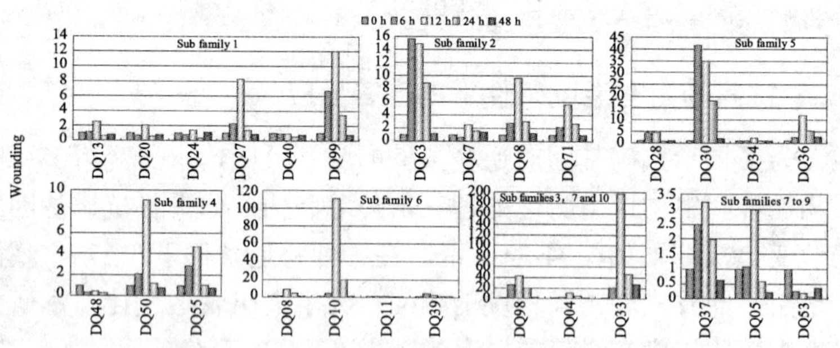

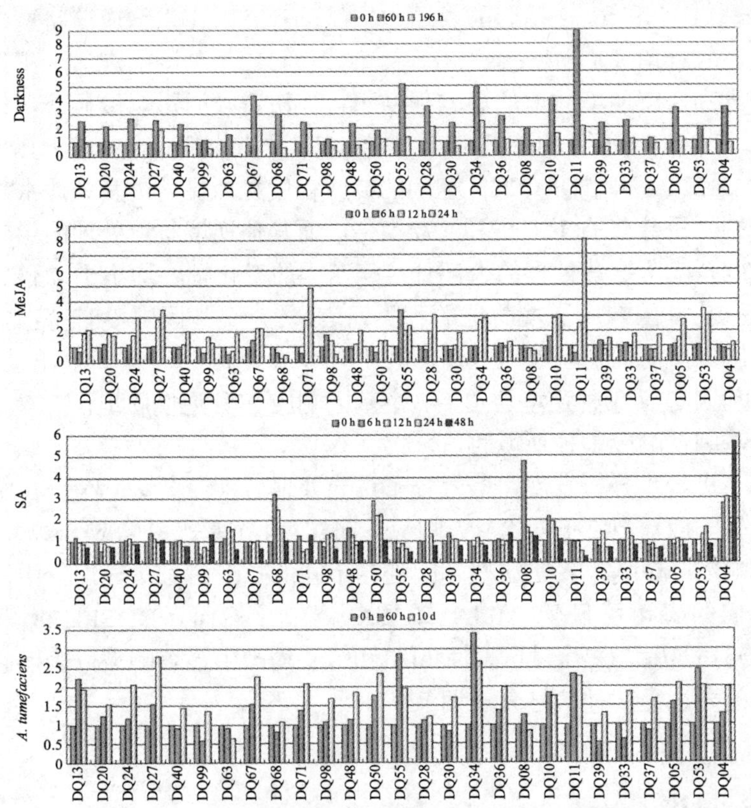

图 4-8　定量法分析 27 个抗病基因在三倍体毛白杨受逆境胁迫后的表达变化

Fig. 4-8　Expression profile of the 27 genes in organs of triploid poplar undergoing biotic and abiotic treatments

基因转录水平表示为在 Tn 时间点的 Rn 值与 T0 时间点的 R0 值的比值，R 为基因的绝对表达量与 *ACTIN* 基因绝对表达量的比值，由于计算结果是比值，所以无法显示检测结果的方差. 基因简化为字母“DQ”加上基因登录号的最后 2 个阿拉伯数字

在非生物逆境胁迫方面，伤诱导处理后 22 个基因的表达水平显著升高，2 个基因的表达水平显著降低，而其余 3 个基因的表达水平无明显变化；暗处理、MeJA 和 SA 处理可分别诱导 20

个、14 个和 6 个基因的表达水平显著升高。在生物逆境胁迫方面，农杆菌（*A. tumefaciens*）侵染能使 11 个基因的表达水平显著升高。就逆境胁迫的影响程度而言，伤诱导的影响最显著，在 22 个响应伤诱导的基因中有 13 个基因的增幅高于 5 倍，其中 DQ513210 和 DQ513233 基因的响应程度尤为显著，其表达水平分别是诱导前的 111 倍和 197.4 倍。而其他逆境胁迫处理的影响较弱，响应这些处理的大部分抗病基因的变化幅度均小于 4 倍。就抗病基因响应逆境胁迫的种类而言，27 个基因中没有基因显著响应所有的逆境胁迫处理，其中有 9 个基因响应 4 种胁迫，7 个基因响应 3 种逆境胁迫，7 个基因响应 2 种逆境胁迫，其余 4 个基因仅响应 1 种逆境胁迫。

进一步分析发现，信号分子诱导处理后，12 个基因对 MeJA 产生响应，但它们对 SA 无响应；同样，4 个基因只响应 SA，而不响应 MeJA，表明这些基因处在不同的防卫信号传导途径中，它们的表达可只受 MeJA 或 SA 调节。然而，DQ513228 和 DQ513210 这 2 个基因对 MeJA 和 SA 均产生显著响应，表明它们的表达受 2 种信号分子调节。

4.3 讨论

4.3.1 杨树抗病基因的结构与进化

通过生物信息学分析，本研究获得了 74 个 NBS 型抗病基因，占全部基因组中 398 个编码 NBS 结构域基因的 18.6%，它们来自毛果杨基因组的 37 个位点，包含 9 种结构类型的基因，而且在核苷酸多态性水平上可划分为 11 个亚家族，说明它们具有较高的基因结构多样性和较高的核苷酸多态性，能代表杨树基因组内编码 NBS 结构域基因的一些特性，可作为典型的代表序列，用于分析杨树基因组中此类抗病基因的结构、进化与表达。

抗病基因结构分析结果表明，NBS 结构域的 3′端通常包含 LRR 结构域，而且此类基因在植物基因组内大量存在，因而在抗病基因分类中，它们被划分为 NBS-LRR 类抗病基因；依据 N 端结构域不同，NBS-LRR 类基因仅分为 TIR-NBS-LRR 与 non-TIR-NBS-LRR 两个亚类。但研究杨树基因组序列发现，编码 NBS 结构域的基因结构复杂多样，许多基因的 NBS 结构域 3′端并不存在 LRR 结构域，TIR 结构域在基因中位置也不固定在 5′端，许多基因的 3′端同样存在 TIR 结构域，甚至一些基因的 5′端与 3′端同时存在 TIR 结构域，使得基因的抗病相关结构域种类、数量、位置差异明显（Tuskan et al，2006），这在拟南芥（Meyers et al，2005）和水稻（Jones-Rhoades and Bartel，2004）基因组内编码 NBS 结构域的基因分析中也获得相似的研究结果。这表明 NBS-LRR 类抗病基因在分类上不足以囊括所有编码 NBS 结构域的基因，将其更名为 NBS 类抗病基因可能更合适。

目前，虽然已完成了毛果杨基因组测序，但没有完成所有片段的拼接，使得本研究中来自基因组的 37 个位点的 74 个 NBS 型抗病基因，在基因组内的相互位置还不清楚，因此难以进行全基因组水平的基因结构进化分析。但本研究分析发现，一些序列较长的 Scaffold 包含多个 NBS 型抗病基因（图 4-3），它们的基因结构与核苷酸序列高度相似，且存在大量的基因转换（表 4-12），表明杨树基因组也具有成簇存在的抗病基因，而且基因之间存在基因复制与重组现象。例如，Scaffold_29 包含 DQ513228、DQ513230 和 DQ513232 等 3 个基因，其中 DQ513228 基因与 DQ513230 基因均为 NL 型结构，且序列高度同源（95.2%），DQ513232 基因为 NLNL 型结构，DQ513230 基因与 DQ513232 基因的 NL 区域序列同源性高达 99.8%，而 DQ513232 基因内 2 个 NL 区域的序列完全相同，表明这些基因可能来自同一祖先，基因复制与非均等交换在其进化的过程中发挥了重要作用。许多研究发现，非均等交换不仅造成结构域的重复，同样造成结构域的缺失。在本研究所构建的进化树亚家族4的8个基因中，TNL型基因有4个，而N型与NL型基因分别有2个，序列的高度相似表明基因存在复制或重组（交换），而结构域的缺失则证明了非均等交换的存在，而且这种缺失不仅出现在整个结构域上，甚至在结构域内的基序中也同样存在，尤其是LRR区域（图4-2，图4-3），这可能与LRR区域行使的功能紧密相关，因为LRR区域是决定基因特异性的主要区域（Ellis et al，2000），要求具有更高的多态性，而结构域内基序的数量变化是产生新的特异性一种重要方式。同样，不同位点的基因之间也存在重复与基因重组现象，因为它们具有高度相似的序列，分布在进化树中相邻近的位置，而且相互之间也存在大量的基因转换（表4-12）。

另一种变异的方式是基因核苷酸替换，造成编码氨基酸的同义突变和异义突变。核苷酸突变方向受进化作用力影响很大，而正向选择（Positive selection）是促进基因朝多样化方向进化的主要作用力（Yang et al，2000），它与寄主和病原菌互作具有紧密关系，已在许多植物抗病基因研究中得到证实（Mondragon-Palomino et al，2002）。拟南芥抗病基因的研究结果表明，RPP1、RPP5、RPP8/HRT、RPP13 等功能活跃的抗病基因均承受着正向选择压力（Bittner-Eddy et al，2000）。为此，Mondragon-Palomino et al，（2002）认为，正向选择的检测可作为一种进化分析手段，用于检测参与拟南芥抗病反应的 NBS-LRR 类基因。基因中正向选择位点通常是基因的功能位点和进化活跃区域，抗病基因的正向选择位点是与抗病紧密相关的区域。以拟南芥抗病基因的分析结果为例，分布在多样化程度较高的 LRR 区域的正向选择位点高达 70%，而在非 LRR 区域的正向选择位点仅有 30%（Mondragon-Palomino et al，2002）。在本研究的8个Group基因中，除了Group 6外，其余7个Group基因均包含后验概率大于90%的正向选择位点，但不同Group基因的选择位点数量差异显著，正向选择位点最少的仅有3个（Group 8），而最多的则有171

个（Group 7），它们在基因中的分布不均匀，且在一些区域呈现集中现象。在 Group 1、2、4 和 5 中，它们主要集中分布在基因的中下游区域，而且与拟南芥研究结果相似，整个 LRR 区域所包含的正向选择位点比率很高，Group 1 和 5 基因的 LRR 区域分别包含了全部位点的 55.4%（31 个）和 53.7%（51 个），而 Group 2 基因的 LRR 区域则包含了全部正向选择位点。但 Group 7 基因的结果与上述 Group 基因的结果相反，正向选择位点多集中在基因的中上游区域，而在多样化程度较高的 LRR 区域则仅有 7%（12 个）的正向选择位点，但这并不表示 Group 7 基因的 LRR 区域不重要，只是中上游区域进化速度更快，承担的生物学功能更多，而且 LRR 区域正向选择位点少可能与 LRR 区域很短有关。进一步分析基因内单个 LRR 基序包含的正向选择位点数发现，M8 检测到的位点并不多（图 4-5），这似乎与先前报道的 LRR 区域正向选择位点众多的事实相矛盾，然而生物信息学分析发现，Pfam 能检测到的基序均是序列相对保守的 LRR 基序，而变化较大的 LRR 基序大都不再保留 XXLXXLXX 的完整蛋白序列，致使 Pfam 检测难以进行。对于 NBS 区域，有研究认为它所承受的选择压力主要是纯化选择压力，使得基因内的正向选择位点相对较少甚至没有（Mondragon-Palomino et al，2002），三倍体毛白杨 3 个亚家族 RGA 的分析结果也验证了上述观点（见第 2 章），在本研究中也发现了具有类似特点的毛果杨抗病基因，它们包括 6 个 Group 的基因，其中 Group 2 和 6 基因的 NBS 结构域缺乏正向选择位点（图 4-5），但 Group 5 和 7 基因的 NBS 区域却含有丰富的正向选择位点，分别占到全部位点的 28.7%（27 个）和 38.6%（66 个），说明 NBS 区域在这些抗病基因中也具有非常活跃的功能及较快的进化速度。然而，对于基因间正向选择位点数存在差异以及在一些区域集中分布的原因目前还无法确定，不过 Mondragon-Palomino et al，（2002）认为，高频率的基因转换可能降低正向选择位点的数量，而且他们在研究正向选择位点在蛋白二级结构中的分布后发现，正向选择位点大都集中在蛋白的外部，这些位置通常是蛋白相互作用区域，毛果杨抗病基因是否与拟南芥抗病基因具有相似的特点还有待进一步研究。

4.3.2 杨树抗病基因的表达

由于毛白杨抗病资源相对匮乏，抗病性状的遗传机制不清楚，因此目前难以通过图位克隆或转座子标签法分离克隆抗病基因（Zhang et al，2002）。而以抗病基因同源序列或抗病基因相关的杨树 EST 序列为基础，运用生物信息学方法，搜索毛果杨基因组中的同源序列，可快速高效地分离克隆杨树抗病基因（林元震 2006；张谦等，2006）。在本研究中，采用上述方法已成功地从毛果杨基因组中克隆得到 74 个编码 NBS 结构域的抗病基因，尽管还不清楚它们在毛果杨体内的生物学功能与表达特性，但我们的表达分析证明，有 27 个基因能在三倍体毛白杨中组成表达，这不仅为杨树抗病基因的克隆提供科学的借鉴，还可为今后抗病基因的功能鉴定奠定重要基础。

运用杨树基因组中的抗病基因进行表达特性分析具有独特的优势，主要体现在所获得的抗病基因大部分为全长 cDNA 基因或具有基因特异区域的长基因，这可为基因特异引物的设计以及随后的荧光定量 PCR 分析提供了方便与保证；而杨树 EST 库中虽然含有一些全长的 cDNA 序列，但它们只占极小的一部分，而大多数 EST 的长度都很短，且具备的基因特异区域并不丰富，因而设计它们的基因特异引物存在较大的难度（Sterky et al，2004）；此外，数据库中的 EST 序列来自多种杨树，这不能排除其中一些 cDNA 序列是多种杨树基因组中对应的 Ortholog 基因，造成运用这类 EST 序列进行表达分析难以反映出杨树抗病基因的真实表达特性，进而大大降低此类研究的效率。

许多研究报道，在不同的组织器官中，植物基因具有不同的表达特性，而且在遭遇外界逆境胁迫（如伤、黑暗、病原菌、虫、盐碱、干旱、信号分子等）时，植物能自动改变相关基因的表达模式（Hazen et al，2003）。对杨树抗病基因而言，尽管还不清楚它们的具体功能，但它们的表达特性与模式将间接地反映出它们的潜在生物学功能，并将大大促进毛白杨或其它杨树抗病基因的功能鉴定研究。

虽然目前还不清楚植物基因组中具有功能的抗病基因具体数目，但有研究分析多种模式植物基因组中 NBS-LRR 类抗病基因后认为，只有很小的一部分基因发挥功能（Shen et al，2002；Dilbirligi et al，2004）。在本研究中，74 个 NBS 类抗病基因中仅有 27 个表达，仅占 36.5%，这似乎与上述观点相吻合，即杨树基因组中仅有少部分基因表达，且具有功能。但这不能排除物种差异所起的作用，因为 74 个基因的来源物种是青杨派毛果杨，而表达物种是白杨派三倍体毛白杨。因此，结合我们上一章的表达研究所证实的，在三倍体毛白杨中组成型表达的 RGA 所占的比率高达 85.7%，可以推测，由物种差异而造成的基因组序列以及基因表达特性的差异性，可能是致使许多毛果杨抗病基因特异引物在三倍体毛白杨抗病基因表达研究中不能发挥作用的主要原因。另外，鉴于抗病基因特异引物的设计时可选择 5′或 3′末端序列作为模板，而抗病基因 5′端 TIR 结构域与 3′端 LRR 结构域是决定抗病基因病原菌特异性的主要区域，也是进化较快的区域，它们在氨基酸和核苷酸水平上具有很高的多样性，因此可以推测，两种杨树抗病基因的末端序列可能存在较大的差异，这在一定程度上也支持了上述观点。另一方面，两种杨树生长在自然界中，有其各自特异的一套病原物组成，并形成了各自独立的杨树与病原物的相互作用系统，而这种长期的相互作用要求两种杨树形成各自特异的抗病基因系统，以便与各自特异的病原物达成稳定的平衡状态（周仲铭，2000）。因此，在今后的抗病基因研究方面，在充分利用毛果杨基因组序列的同时，更应注重从毛白杨自身分离克隆抗病基因，这样才有可能获得真正对毛白杨抗病育种研究有利的抗病基因。

许多研究报道，抗病基因在植物体内呈现较低水平的组成型表达特点（Ayliffe et al，1999；Century et al，1999；Wang et al，1999），但它们的表达可受病原菌和环境信号（如温度、光、伤、含水量等）的正调控（Yoshimura et al，1998；Radwan et al，2005；Wang et al，1999）。在本研究中也证实了这一点，例如DQ513199、DQ513198、DQ513210、DQ270663、DQ513204基因等（图4-6），虽在大部分组织器官中的表达水平很低，但受到外界逆境胁迫（如MeJA处理、暗培养、伤处理等）诱导后其转录水平显著升高（图4-7）。不过，另一些基因如DQ513220、DQ270667、DQ270671、DQ513233、DQ513234、DQ513248、DQ513255等，则在大部分组织器官中具有很高的转录水平（图4-6）。尽管目前还不清楚它们高水平表达的机理，但从这些数据不难看出，它们在三倍体毛白杨体内具有较其他抗病基因更高的生物学活性，可能参与更多或更重要的生物学活动。目前，已有人推测，植物抗病*R*基因可能参与生长发育，可在健康的或未受侵染植株体内高效表达，以便随时抵御病原菌的攻击（Hammond-Kosack and Jones 1997），这个推测已被Collins et al，(1999）的研究结果、*Rp*1-*D*基因家族成员的表达水平会随着发育阶段而改变所证实。本研究发现，大部分抗病基因在顶端嫩叶（AL）中的表达水平显著高于成熟叶片（ML）中的表达水平，表明它们在三倍体毛白杨体内可能参与叶片的生长发育，这是因为顶端叶片具有活跃的边缘生长（Marginal growth）和居间生长（Intercalary growth），而这两类生长在成熟叶片中已结束（Zhang and He 2003）。与此相似，许多基因在成熟树皮（MB）中的表达水平显著高于树干顶端嫩皮（YB）中的表达水平，表明它们可能参与杨树树干的次生生长，这是因为树干由初生生长向次生生长转变的过程中，束中形成层（Fascicular cambium）和束间形成层（Interfascicular cambium）被激活，进而分别发育形成次生韧皮部（Secondary phloem）和次生木质部（Secondary xylem）（Zhang and He，2003）。上述研究结果可为植物抗病基因参与生长发育提供了间接证据，并证明了编码 NBS 的抗病基因参与叶片和树干的生长发育。因此，有必要对这些高效组成型表达的基因作进一步分析，结果发现，除了 DQ513233 基因外，其余的基因对外界刺激的响应程度不强烈，甚至明显低于水平表达低的抗病基因，这似乎暗示了高水平组成型表达的基因对外界环境的敏感程度显著低于表达水平低的基因。

一些研究者发现，许多基因在一种组织器官中的表达水平明显高于其他组织器官中的表达水平，表现出组织器官特异性。周仲铭（2000）报道，由 *M. magnusiana* Wagner 引起的叶锈病仅发生在叶片上，而由 *Botryosphaeria ribis* Tode 引起的溃疡病仅出现在树干上。许多研究表明，组织器官容易遭受器官特异的病原物侵染，就要求抵抗这种病原物的抗病基因稳定、高效表达，以便能快速、高效地识别病原物，启动下游的防卫级联反应。目前，已有研究证实，当病原物侵染抗病寄主后，抗病基因转录水平升高的部位与病原菌侵染的部位相同（Mes et al，2000；Radwan et al，2005）。在本研究中，有 6 个基因具有顶端叶片（AL）特异性，2 个基因具有顶端嫩皮（YB）特异性，3 基因具有成熟树皮（MB）特异性，这与毛白杨病害的侵染部位所具有的组织器官特异性相一致，在一定程度上反映出抗病基因在毛白杨组织器官中的特异表达可能与该组织器官的特异侵染病原物存在一定的关系，而且在某种组织器官中特异表达的抗病基因可能参与了毛白杨抵抗侵染对应部位的病原物，但还需要开展更多的实验，去检验上述推测以及抗病基因的表达水平与其功能的相互关系。

在农杆菌诱导实验中，没有发现对它非常敏感的抗病基因，产生这种结果的原因可能是本研究的 74 个抗病基因中不包含抗农杆菌的特异抗病基因，或可能是农杆菌特异抗病基因的表达不受病原菌的诱导，这与 *Xa*21 基因（Century et al，1999）和

Rp-1-*D* 基因（Collins et al，1999）等一些抗病基因的研究结果相一致。

由于许多研究只分析了单个抗病基因的表达特性，而对于多个抗病基因在多种组织器官中表达以及受多种逆境胁迫后的表达响应知之甚少。尽管有研究分析了植物 RGA 或抗病基因的组织表达特性，但也只是提供它们是否表达的简单信息（Graham et al，2002；Liu and Ekramoddoullah，2003；Fourmann et al，2001）。为此，本研究对 27 个抗病基因的表达进行了系统研究。结果表明，受到外界逆境胁迫（如暗培养）后，多个基因的表达水平同时发生变化，但变化程度各不相同（图 4-8，表 4-15）；另外，各抗病基因响应的逆境条件也各不相同，例如 DQ513227 基因响应除 SA 之外的 4 种逆境条件，不过 DQ513199 则仅响应伤处理 1 种；而且 DQ513213 基因与 DQ513227 基因、以及 DQ513199 基因与 DQ270663 基因之间具有一些相同的逆境响应。这说明杨树体内存在一个复杂的信号传导网络，它们相互交织，共同调节抗病信号的传导与抗病基因的表达，而且响应相同逆境组合的基因可能具有更多共同的信号传导途径。对于参与抗病信号传导的结构域，Tameling et al，(2002）分析了抗病基因的结构域与酶学活性后认为，其主要的承担位点是 NBS 结构域，这是因为 NBS 结构域是此类基因共有的区域，具有核苷酸结合能力，可能参与信号传导的级联反应，进而共同协调植物初始阶段的防卫反应，并限制病原菌的生长与扩散（Hammond-Kosack and Jones，1997；Radwan et al，2005），这在随后的番茄抗病基因表达产物 I-2 和 Mi-1 能结合 ATP 底物，且具有 ATPase 活性的研究结论中得到证实（Tameling et al，2002）。值得注意的是在本研究的抗病基因中，还发现了参与基因表达调控的转录因子结构域，如 WRKY 等（图 4-1）。上述这些结果表明，三倍体毛白杨抗病基因可以调控信号传导和基因表达，进而参与抗病反应以及叶片与树干的生长发育。

表 4-15　三倍体毛白杨受逆境胁迫后 27 个抗病基因的表达变化

Table 4-15　Modification rates of the relative transcript levels for the 27 *R* genes tested in the triploid poplars grown under stress conditions

基因 Gene	处理 Treatments				
	甲基茉莉酸 +MeJA	水杨酸 +SA	暗培养 Darkness	伤诱导 Wounding	农杆菌侵染 +A. tumefaciens
DQ513213	+（2.1）	0	+（2.5）	+（2.6）	+（2.2）
DQ513220	0	0	+（2.2）	+（2.1）	0
DQ513224	+（3.0）	0	+（2.7）	0	+（2.1）
DQ513227	+（3.5）	0	+（2.6）	+（8.2）	+（2.8）
DQ513240	+（2.0）	0	+（2.3）	0	0
DQ513199	0	0	0	+（12.0）	0
DQ270663	0	0	0	+（15.7）	0
DQ270667	+（2.3）	0	+（4.3）	+（2.5）	+（2.3）
DQ270668	0	+（3.2）	+（3.0）	+（9.7）	0
DQ270671	+（4.8）	0	+（2.4）	+（5.7）	+（2.1）
DQ513198	0	0	0	+（43.0）	0
DQ513248	+（2.0）	0	+（2.3）	－（3.8）	0
DQ513250	0	+（2.8）	0	+（9.1）	+（2.4）
DQ513255	+（3.4）	0	+（5.1）	+（4.6）	+（2.9）
DQ513228	+（3.1）	+（5.6）	+（3.5）	+（4.6）	0
DQ513230	0	0	+（2.3）	+（41.6）	0
DQ513234	+（2.9）	0	+（4.9）	+（2.1）	+（3.4）
DQ513236	0	0	+（2.8）	+（12.0）	0
DQ513208	0	+（4.7）	0	+（9.2）	0
DQ513210	+（3.0）	+（2.1）	+（4.0）	+（111.0）	0
DQ513211	+（8.0）	0	+（8.9）	0	+（2.3）
DQ513239	0	0	+（2.3）	+（4.7）	0
DQ513233	0	0	+（2.5）	+（197.4）	0
DQ513237	0	0	0	+（3.2）	0
DQ513205	+（2.7）	0	+（3.3）	+（3.0）	+（2.1）
DQ513253	+（3.4）	0	0	－（4.1）	+（2.4）
DQ513204	0	+（5.6）	+（3.4）	+（11.6）	0

上表表示逆境胁迫后基因转录水平较 T0 时间增加或降低的倍数

0：转录水平变化小于 2 倍. +：转录水平增高. －：转录水平降低.（n）：n 倍变化

5 结论与建议

5.1 结论

本研究以 28 个毛白杨杂种无性系为试材，通过毛白杨锈病活体接种试验，筛选得到 2 个抗病性较强的三倍体毛白杨无性系。在此基础上，运用 PCR 方法克隆得到 59 个 NBS 型抗病基因同源序列（RGA），研究其进化关系与表达模式；利用生物信息学方法克隆得到 74 个毛果杨 NBS 型抗病基因，研究了它们的进化关系与表达特性；筛选得到 1 个毛白杨锈病抗性相关 RGA，以此为基础克隆得到 2 个毛白杨锈病抗性相关基因 *PtDRG*01 与 *PtDRG*02，并进行活体表达与原核表达分析，进而开展烟草与杨树的遗传转化研究，结合烟草 TMV 的抗病试验，分析 *PtDRG*01 基因的抗病功能。通过上述研究可得到如下结论：

（1）通过毛白杨锈病活体接种试验，筛选得到 13 个感病无性系和 15 个抗病无性系。其中三倍体毛白杨无性系 L9 和 L12 的叶片出现由过敏性反应引起的坏死斑，为毛白杨锈病强抗无性系。

（2）以抗病三倍体毛白杨无性系 L9 为材料，运用 PCR 方法克隆得到 59 个 NBS 型抗病基因同源序列。序列分析表明，这些基因具有较高的序列多样性，在毛果杨基因组内具有丰富的同源基因，依据序列同源性可分为 10 个亚家族，其中亚家族 1 至 3 的 RGA 的进化整体上承受着极强的纯化选择压力，处于纯化进化过程中；而且基因交换可促进该家族基因的纯化进化过程，但其中一些氨基酸位点承受着正向选择压力。

（3）通过序列分析，从 59 个 RGA 中筛选到 21 个序列差异显著的基因；基因表达分析表明，其中 18 个在三倍体毛白杨成熟叶片、茎和根中组成型表达，但同种组织器官中的不同基因以及不同组织器官中的同一基因的表达水平具有显著差异。通过进一步分析，筛选得到一个毛白杨锈病抗性相关 RGA（DQ324288），其表达具有叶片特异性，且与杨树抗锈病能力正相关。

（4）以 DQ324288 基因片段为基础，运用 RACE-PCR 方法克隆得到该基因家族 2 个成员的全长 cDNA 序列（*PtDRG*01 和 *PtDRG*02）。结果发现，这 2 个基因分别为 TIR-NBS-LRR 和 TIR-NBS 基因，在基因组内具有多拷贝，其编码蛋白为碱性、亲水性蛋白，且具有完整的编码框。表达分析结果表明，上述 2 个基因与 DQ324288 基因具有相同的组织器官表达特性，且能响应伤诱导、甲基茉莉酸和水杨酸处理，但不响应暗培养和农杆菌侵染。

（5）在构建 *PtDRG*01 基因的正义表达载体的基础上，开展烟草遗传转化研究，并获得了多个转基因无性系。抗病试验与表达研究结果发现，*PtDRG*01 基因在烟草中的高效表达能显著降低 TMV 的数量、减轻烟草的发病程度、保护烟草叶片的形态建成、以及维持烟草顶端叶片的正常生长发育，这表明 *PtDRG*01 基因具有强且持久的抗 TMV 能力，进而说明 *PtDRG*01 基因具有抗病功能。另外，开展了 *PtDRG* 基因的 RNA 干扰表达载体构建及其遗传转化抗病杨树研究，已获得了多个转基因无性系，进一步的分子检测与抗病试验正在进行之中。

（6）以三倍体毛白杨 RGA 为探针，运用生物信息学方法克隆得到 74 个毛果杨 NBS 型抗病基因。分析结果发现，这些基因的结构具有复杂多样性，编码氨基酸所含结构域种类、数量、长度也差异显著。另外，这些基因的核苷酸序列具有较高的多态性，可依据基因结构域组成分为9个亚家族，依据核苷酸同源性可分为11个亚家族；在进化整体上，其中有8个Group基因分别承受着正向选择、纯化选择或中性选择压力，但它们也包含着不同数量的正向选择氨基酸位点，而且多数正向选择位点不均匀地分布在基因的中下游区域。

（7）基因表达分析表明，74个毛果杨基因中有27个可在三倍体毛白杨中组成型表达，但同种组织器官中的不同基因以及不同组织器官中的同一基因的表达水平存在显著差异；另外，逆境胁迫实验结果表明，不同基因响应逆境胁迫的种类和强度差异显著。

5.2 建议

虽然本研究取得了一定的结果，但仍有一些问题，值得进一步研究与探讨：

（1）本研究虽然获得59个毛白杨NBS型RGA，但它们仅占全部抗病基因很小的一部分。因此有必要进一步克隆毛白杨抗病基因同源序列，增大分析基因的样本数量，并以此为基础，分离毛白杨RGA全长基因的DNA与cDNA序列，为充分揭示毛白杨抗病基因的结构、进化与表达模式奠定基础。

（2）由于目前尚不清楚毛白杨RGA的生物学功能，因此有必要结合田间观察与抗病接种试验，收集针对各种病害的毛白杨抗病遗传资源，为抗病分离群体的建立、抗病遗传连锁图谱的构建、抗病基因的定位以及抗病基因的功能鉴定做准备。

（3）鉴于本研究分析得到的74个毛果杨NBS型抗病基因仅占杨树基因组全部抗病基因中很小的一部分，因此，有必要改善抗病基因克隆方法或直接利用毛果杨基因组分析结果，获得更多的抗病基因，进而全面分析毛果杨抗病基因的结构、进化以及它们在毛白杨体内的表达特性。

（4）NBS 型抗病蛋白的主要功能是参与抗病信号转导，且具有微弱的 ATPase 活性，因此，有必要改善试验方法，测定 *PtDRG*01 与 *PtDRG*02 基因编码蛋白的生化活性，揭示这两个基因的生化功能。

（5）本研究通过烟草遗传转化研究、分子检测和抗病试验，证实 *PtDRG*01 基因具有提高烟草抗 TMV 的能力，但对其具体作用机制尚不清楚，因此，有必要进一步开展转基因烟草的生理生化与分子生物学研究，揭示 *PtDRG*01 基因的抗病作用机理。

（6）虽然生物信息学分析与表达研究证实 *PtDRG* 基因与毛白杨锈病抗性密切相关，但不足以证实 *PtDRG* 基因具有抗毛白杨锈病功能，因此，有必要继续开展抗病毛白杨无性系转干扰表达载体和感病毛白杨无性系转正义表达载体的研究，并在获得转基因毛白杨无性系的基础上，开展转基因毛白杨的基因表达分析、生理生化分析以及抗病试验，鉴定 *PtDRG* 基因的功能与可能的作用机制。

（7）生物信息学分析与 Southern 杂交结果表明，*PtDRG* 基因家族在毛白杨体内存在多个成员，因此有必要进一步开展该基因家族成员的克隆、表达分析与功能鉴定研究。

参考文献

[1] 杜国英，王锡锋，周广和. 2004. 地高辛标记的cDNA探针检测烟草花叶病毒、黄瓜花叶病毒及马铃薯Y病毒. 植物病理学报，34（1）：75-79.

[2] 黄金光，田国忠，范在丰，李怀方. 2004. 侵染扶桑的烟草花叶病毒分离物鉴定. 植物保护，30（3）：33-37.

[3] 林元震. 2006. 甜杨葡萄糖-6-磷酸脱氢酶基因克隆及结构分析与功能鉴定//北京林业大学博士学位论文.

[4] 沈瑞祥，樊自红，周仲铭. 1989. 毛白杨不同无性系对叶锈病（*Melampsora magnusiana*）抗病性的研究. 林业科学，25（5）：420-424.

[5] 沈瑞祥，周仲铭，贺正兴. 1979a. 马格栅锈菌（*Melampsora magnusiana* Wagner）夏孢子萌发生理的探讨. 北京林学院学报，1：66-69.

[6] 沈瑞祥，周仲铭，贺正兴，雷增普. 1979b. 毛白杨对马格栅锈菌所致锈病抗病性研究. 北京林学院学报，1：61-66.

[7] 王建革. 2006. 基因枪转多基因杨树的获得. 中国林科院博士后工作出站报告.

[8] 魏益宁. 1984. 毛白杨叶片受马格栅锈菌侵染以后多酚氧化酶和过氧化物酶活性及同工酶谱带变化趋势的研究. 北京林学院学报，3：73-92.

[9] 袁毅. 1984. 我国杨树叶锈病菌种类的研究. 北京林学院学报，1：48-82.

[10] 张谦，林善枝，林元震，张志毅，王泽亮，杨俊杰. 2005. 树木抗病基因研究进展. 西北植物学报，25：1921-1930.

[11] 张谦，张志毅，林善枝，林元震，李琰，李海霞. 2006. 基因毛白杨NBS型抗病基因类似序列克隆毛果杨抗病基因//全国博士学术论坛论文集，pp105.

[12] 张祥喜，罗广林. 2003. 植物抗病基因研究进展. 分子植物育种，1：531-537.

[13] 周仲铭. 2000. 林木病理学（修订版）. 北京：中国林业出版社，pp85.

[14] Ayliffe MA，Frost DV，Finnegan EJ，Lawrence GJ，Anderson PA，Ellis JG. 1999. Analysis of alternative transcripts of the flax *L6* rust resistance gene. Plant J，17：287-292.

[15] Baker B，Zambryski P，Staskawicz B. 1997. Singaling in plant microbe interaction. Science，276：726-733.

[16] Baumgarten A，Cannon S，Spangler R，May G. 2003. Genome-level evolution of resistance genes in *Arabidopsis thaliana*. Genetics，165：309-319.

[17] Bergelson J，Kreitman M，Stahl EA，Tian D. 2001. Evolutionary dynamics of plant R-genes. Science，292：2281-2285.

[18] Bowles DJ. 1990. Defense-related proteins in higher plants. Annu Rev Biochem，59：873-907.

[19] Brasier C. 2000. The rise of the hybrid fungi. Nature，405：134-135.

[20] Brommonschenkel SH，Frary A，Frary A. 2000. The broad-spectrum tospovirus resistance gene *Sw*-5 of tomato is a homolog of the root-knot nematode resistance gene *Mi*. Mol Plant-Microbe Interact，13：1130-1138.

[21] Bubner B，Baldwin IT. 2004a. Use of real-time PCR for determining copy number and zygosity in transgenic plants. Plant Cell Rep，23：263-271.

[22] Bubner B，Gase K，Baldwin IT. 2004b. Two-fold differences are the detection limit for determining transgene copy numbers in plants by real-time PCR. BMC Biotechnol，4：14-24.

[23] Buschges R，Hollricher K，Panstruga R. 1997. The Barley *Mlo* gene：a novel control element of plant pathogen resistance. Cell，88：695-705.

[24] Campbell MM，Brunner A，Jones HM，Strauss SH. 2003. Forestry's fertile crescent：the application of biotechnology to forest trees. Plant Biotechnol J，1：141-154.

[25] Cannon SB，Zhu H，Baumgarten AM，Spangler R，May G，Cook DR，Young ND. 2002. Diversity，distribution，and ancient taxonomic relationships within the TIR and Non-TIR-NBS-LRR resistance gene subfamilies. J Mol Evol，54：548-562.

[26] Century KS，Lagman RA，Adkisson M，Morlan J，Tobias R，Schwartz K，Smith A，Love J，Ronald PC，Whalen MC. 1999. Development control of *Xa*21-mediated disease resistance in rice. Plant J，20：231-236.

[27] Cervera MT，Gusmno J，Steenackers M，Peleman J，Storme V，Vanden Broeck A，Van Montagu M，Boerjan W. 1996. Identification of AFLP molecular markers linked to for resistance to *Melampsora larici-populina* in *Populus*. Theor Appl Genet，93：733-737.

[28] Cervera MT，Storme V，Ivens B，Gusmao J，Liu BH，Hostyn V，Van Slycken J，Van Montagu M，Boerjan W. 2001. Dense genetic linkage maps of three *Populus* species（*Populus deltoides*，*P. nigra* and *P. trichocarpa*）based on AFLP and microsatellite markers. Genetics，158：787-809.

[29] Cheng Q，Zhang B，Zhuge Q，Zeng YR，Wang MX，Huang MR. 2006. Expression profiles of two novel lipoxygenase genes in *Populus deltoides*. Plant Sci，170：1027-1035.

[30] Collins N，Drake J，Ayliffe M，Sun Q，Ellis J，Hulbert S，Pryor T. 1999. Molecular characterization of the maize *Rp*1-*D* rust resistance haplotype and its mutants. Plant Cell，11：1365-1376.

[31] Collins N，Park R，Spielmeyer W，Ellis J，Pryor AJ. 2001. Resistance gene analogs in barley and their relationship to rust resistance genes. Genome，44：375-381.

[32] Concetta de Pinto M，Tommasi F，De Gara L. 2002. Changes in the antioxidant systems as part of the signaling pathway responsiblefor the programmed cell death activated by nitric oxide and reactive oxygen species in tobacco bright-yellow 2 cells. Plant Physiol，130：698-708.

[33] Constabel CP，Yip L，Patton JJ，Christopher ME. 2000. Polyphenol oxidase

from hybrid poplar：Cloning and expression in response to wounding and herbivory. Plant Physiol，124：285-295.

[34] Dangl JL，Jones JDG. 2001. Plant pathogens and integrated defense responses to infection. Nature，411：826-833.

[35] Deng Z，Huang S，Ling P，Chen C，Yu C，Weber CA，Moore GA，Gmitter FG Jr. 2000. Cloning and characterization of NBS-LRR class resistance-gene candidate sequences in citrus. Theor Appl Genet，101：814-822.

[36] Dilbirligi M，Erayman M，Sandhu D，Sidhu D，Gill KS. 2004. Identification of wheat chromosomal regions containing expressed resistance genes. Genetics，166：461-481.

[37] Dowkiw A，Bastien C. 2004. Characterization of two major genetic factors controlling quantitative resistance to *Melampsora larici-populina* leaf rust in hybrid poplars：strain specificity，field expression，combined effects，and relationship with defeated qualitative resistance gene. Phytopathol，94：1358-1367.

[38] Dowkiw A，Bastien C. 2007. Presence of defeated qualitative resistance genes frequently has major impact on quantitative resistance to *Melampsora larici-populina* leaf rust in *P.* × *interamericana* hybrid poplars. Tree Genetics Genomes，(In press).

[39] Dowkiw A，Husson C，Frey P，Bastien C. 2003. Partial resistance to *Melampsora larici-populina* leaf rust in hybrid poplars：genetic variability in inoculated excised leaf disk bioassay and relationship with complete resistance. Phytopathol，93：421-427.

[40] Ellis J，Dodds P，Pryor T. 2000. Structure，function and evolution of plant disease resistance genes. Curr Opin Plant Biol，3：278-284.

[41] Ellis J. 2006. Insights into nonhost disease resistance：can they assist disease control in agriculture？ Plant Cell，18：523-528.

[42] Faivre-Rampant F，Bataille L，Bresson A，Boudet N，Chalhoub B，Jorge

V，Dowkiw A，Guerin V，Masle JP，Villar M，Bastien C. 2006. Genetic and physical mapping of a genetic factor involving in partial rust resistance in *Populus trichocarpa.* International Poplar Symposium IV Abstracts，pp27.

[43] Fourmann M，Charlot F，Froger N，Delourme R，Brunel D. 2001. Expression，mapping，and genetic variability of *Brassica napus* disease resistance gene analogues. Genome，44：1083-1099.

[44] Gachon C，Mingam A，Charrier B. 2004. Real-time PCR：what relevance to plant studies？ J Exp Bot，55：1445-1454.

[45] Gerrard DT，Filatov DA. 2005. Positive and Negative Selection on Mammalian Y Chromosomes. Mol Biol Evol，22：1423-1432.

[46] Goelet P，Lomonossoff GP，Butler PJG，Akam ME，Gait MJ，Karn J. 1982. Nucleotide sequence of tobacco mosaic virus RNA. Proc Natl Acad Sci USA，79：5818-5822.

[47] Goff SA，Ricke D，Lan TH，Presting G，Wang R，Dunn M，Glazebrook J，Sessions A，Oeller P，Varma H，Hadley D，Hutchison D，Martin C，Katagiri F，Lange BM，Moughamer T，Xia Y，Budworth P，Zhong JP，Miguel T，Paszkowski U，Zhang SP，Colbert M，Sun WL，Chen LL，Cooper B，Park S，Wood TC，Mao L，Quail P，Wing R，Dean R，Yu Y，Zharkikh A，Shen R，Sahasrabudhe S，Thomas A，Cannings R，Gutin A，Pruss D，Reid J，Tavtigian S，Mitchell J，Eldredge G，Scholl T，Miller RM，Bhatnagar S，Adey N，Rubano T，Tusneem N，Robinson R，Feldhaus J，Macalma T，Oliphant A，Briggs S. 2002. A draft sequence of the rice genome（*Oryza sativa* L. ssp. *japonica*）. *Science*，296：92-100.

[48] Graham MA，Marek LF，Shoemaker RC. 2002. Organization，expression and evolution of a disease resistance gene cluster in soybean. Genetics，162：1961-1977.

[49] Grant M，Mansfield J. 1999. Early events in host-pathogen interactions. Curr Opin Plant Biol，2：312-319.

[50] Grant MR，Godiard L，Straube E，Ashfield T，Lewald J，Sattler A，Innes RW，Dangl JL. 1995. Structure of the *Arabidopsis RPM*1 gene enabling dual specificity disease resistance. Science，269：843-846.

[51] Hammond-Kosack KE，Jones JDG. 1997. Plant disease resistance genes. Annu Rev Plant Physiol Plant Mol Biol，48：575-607.

[52] Haurogne K，Bach JM，Lieubeau B. 2007. Easy and rapid method of zygosity determination in transgenic mice by SYBR Green real-time quantitative PCR with a simple data analysis. Transgenic Res，16：127-131.

[53] Hazen SP，Wu Y，Kreps JA. 2003. Gene expression profiling of plant responses to abiotic stress. Funct Integrat Genomics，3：105-111.

[54] He LM，Du CG，Covaleda L，Xu ZY，Robinson AF，Yu JZ，Kohel RJ，Zhang HB. 2004. Cloning，characterization，and evolution of the NBS-LRR-encoding resistance gene analogue family in polyploid cotton（*Gossypium hirsutum* L.）. Mol Plant-Microbe Interact，17：1234-1241.

[55] He ZH. 2001. Signal network of plant disease resisatnce. Acta Phytophysiol Sinica，27：281-290.

[56] Holst-Jensen A，Rønning SB，Løvseth A，Berdal KG. 2003. PCR technology for screening and quantification of genetically modified organisms（GMOs）. Anal Bioanal Chem，375：985-993.

[57] Hsiang T，Chastagner GA，Dunlap JM，Stettler RF. 1993a. Genetic variation and productivity of *Populus trichocarpa* and its hybrids. VI. Field susceptibility of seedlings to *Melampsora occidentalis* leaf rust. Can J For Res，23：436-441.

[58] Hsiang T，Chastagner GA. 1993b. Variation in *Melampsora occidentalis* rust on poplars in the Pacific Northwest. Can J Plant Pathol，15：175-181.

[59] Hsiang T，van Der Kamp BJ. 1985. Variation in rust virulence and host resistance of *Melampsora* on black cottonwood. Can J Plant Path，7：247-252.

[60] Hu X，Bidney DL，Yalpani N，Duvick JP，Crasta O，Folkerts O，Lu G

2003. Overexpression of a gene encoding hydrogen peroxide generating oxalate oxidase evokes defense responses in sunflower. Plant Physiol，133：170-181.

[61] Huettel B，Santra D，Muehlbauer FJ，Kahl G. 2002. Resistance gene analogues of chickpea（*Cicer arietinum* L.）: Isolation，genetic mapping and association with a *Fusarium* resistance gene cluster. Theor Appl Genet，105：479-490.

[62] Hulbert SH，Webb CA，Smith SM，Sun Q. 2001. Resistance gene complexes：Evolution and utilization. Annu Rev Phytopathol，39：285-312.

[63] Ingvarsson PK. 2005. Nucleotide polymorphism and linkage disequilibrium within and among natural populations of European aspen（*Populus tremula* L.，Salicaceae）. Genetics，169：945-953.

[64] Innes L，Marchand L，Frey P，Bourassa M，Hamelin RC. 2004. First report of *Melampsora larici-populina* on *Populus* spp. in eastern north America. Plant Dis，88：85.

[65] Johal GS，Briggs SP. 1992. Reductase activity encoded by the *HM*1 disease resistance gene in maize. Science，258：985-987.

[66] Johnson R. 1984. A critical analysis of durable resistance. Annu Rev Phytopathol，22：309-330.

[67] Jones DA，Jones JDG. 1996. The roles of leucine rich repeat in plant defenses. Adv Bot Res Adv Plant Pathol，24：90-167.

[68] Jorge V，Dowkiw A，Faivre-Rampant P，Bastient C. 2005. Genetic architecture of qualitative and quantitative *Melampsora larici-populina* leaf rust resistance in hybrid poplar：genetic mapping and QTL detection. New Phytologist，167：113-119.

[69] Kajava AV，VassartG，Wodak SJ. 1995. Modeling of the three-dimensional structure of proteins with the typical leucine-rich repeats. Structure，3：867-877.

[70] Kanazin V，Marek IF，Shoemaker RC. 1996. Resistance gene analogs are

conserved and clustered in soybean. Proc Natl Acad Sci USA，93：11746-11750.

[71] Karlin S， Altschul SF. 1990. Methods for assessing the statistical significance of molecular sequence features by using general scoring schemes. Proc Natl Acad Sci USA，87：2264-2268.

[72] Kobe B，Deisenhofer J. 1994. The leucine-rich repeat，a versatile binding motif. Trends Biochem Science，19：415-421.

[73] Kuang HH，Woo SS，Meyers BC，Nevo E，Michelmore RW. 2004. Multiple genetic processes result in heterogeneous rates of evolution within the major cluster disease resistance genes in *Lettuce*. Plant Cell，16：2870-2894.

[74] Kuhn DN，Heath MA，Winterstein MC，Wisser RW，Meerow AW，Brown JS，Lopes U，Schnell II RJ. 2003. Resistance gene homologues in *Theobroma cacao* as useful genetic markers. Theor Appl Genet，107：191-202.

[75] Kumar S，Tamura K，Jakobsen IB，Nei M. 2001. MEGA 2：molecular evolutionary genetics analysis software. Arizona State University，Tempe，Ariz.

[76] Lamb C，Dixon R A. 1997. The oxidative burst in plant disease resistance. Annu Rev Plant Physiol Plant Mol Biol，48：251-275.

[77] Larson PR，Isebrands JG. 1971. The plastochron index asapplied to developmental studies of cottonwood. Can J For Res，1：1-11.

[78] Lefevre F，Goue-Mourier MC，Faivre-Rampant P，Villar M. 1998. A single gene cluster controls incompatibility and partial resistance to various *Melampsora larici-populina* races in hybrid poplars. Phytopathol，88：156-163.

[79] Lefevre F，Pichot C，Pinon J. 1994. Intra- and interspecific inheritance of some components of the resistance to leaf rust（*Melampsora larici-populina* Kleb.）in poplars. Theor Appl Genet，88：501-507.

[80] Legionnet A，Muranty H，Lefevre F. 1999. Genetic variation of the riparian

pioneer tree species *Popolus nigra*. II. Variation in susceptibility to the foliar rust *Melampsora larici-populina*. Heredity，82：318-327.

[81] Leister D，Ballvora A，Salamini F，Gebhardt C. 1996. A PCR-based approach for isolating pathogen resistance genes from potato with potential for wide application in plants. Nature Genetics，14：421-429.

[82] Leister D，Kurth J，Laurie DA，Yano M，Susnki T，Devos K，Grancer A，Schulze-Lefert P. 1998. Rapid reorganization of resistance gene homologues in cereal genomes. Proc Natl Acad Sci USA，95：370-375.

[83] Lescot M，Rombauts S，Zhang J，Aubourg S，Mathé C，Jansson S，Rouzé P，Boerjan W. 2004. Annotation of a 95-kb *Populus deltoides* genomic sequence reveals a disease resistance gene cluster and novel class I and Class II transposable elements. Theor Appl Genet，109：10-22.

[84] Li JY，Zhang ZY. 2000. Genetic variation in photosynthetic traits of triploid clones of *Populus tomentosa*. J Beijing For Univ，22：12-15.

[85] Liu JJ，Ekramoddoullah AKM. 2004. Isolation，genetic variation and expression of TIR-NBS-LRR resistance gene analogs from western white pine（*Pinus monticola* Dougl. ex. D. Don.）. Mol Genet Genomics，270：432-441.

[86] Luke JE，Lawrence GJ，Dodds PN，Shepherd KW，Ellis JG. 2000. Regions ouside of the leucine-rich repeats of flax rust resistance proteins play a role in specificity determination. Plant Cell，12：1367-1377.

[87] Mago R，Nair S，Mohan M. 1999. Resistance gene analogues from rice：Cloning，sequencing and mapping. Theor Appl Genet，99：50-57.

[88] Martin GB，Frary A，Wu TY，Brommonschenkel S，Chunwongse J，Earle ED，Tanksley SD. 1994. A member of the tomato *Pto* gene family confers sensitivity to fenthion resulting in rapid cell death. Plant Cell，6：1543-1552.

[89] Matthew L. 2004. RNAi for plant functional genomics. Comp Funct Genom，5：240-244.

[90] McDowell JM，Dangl JL. 2000. Signal transduction in the plant innate immune response. Trends Biochem Sci，25：79-82.

[91] Mes JJ，Van Doorn AA，Wijbrandi J，Simons G，Comelissen BJC，Haring MA. 2000. Expression of the *Fusarium* resistance gene *I*-2 colocalizes with the site of fungal containment. Plant J，23：183-193.

[92] Meyers BC，Dickerman AW，Michelmore RW. 1999. Plant disease resistance genes encode members of an ancient and diverse protein family within the nucleotide-binding superfamily. Plant J，20：317-332.

[93] Meyers BC，Kozik A，Griego A，Kuang H，Michelmore RW. 2003. Genome-wide analysis of NBS-LRR encoding genes in *Arabidopsis*. Plant Cell，15：809-834.

[94] Meyers BC，Morgante M，Michelmore RW. 2002. TIR-X and TIR-NBS proteins：Two new families related to disease resistance TIR-NBS-LRR proteins encoded in *Arabidopsis* and other plant genomes. Plant J，32：77-92.

[95] Michelmore RW，Meyers BC. 1998. Clusters of resistance genes in plants evolved by divergent selection and a birth-and-death process. Genome Res，8：1113-1130.

[96] Michelmore RW，Paran I，Kesseli RV. 1991. Identification of markers linked to disease-resistance genes by bulked segregant analysis：a rapid method to detect markers in specific genomic regions by using segregating populations. Proc Natl Acad Sci USA，88：9828-9832.

[97] Mondragon-Palomino M，Gaut BS. 2005. Gene conversion and the evolution of three leucine-rich repeat gene families in *Arabidopsis thaliana*. Mol Biol Evol，22：2444-2456.

[98] Mondragon-Palomino M，Meyers BC，Michelmore RW，Gaut BS. 2002. Patterns of positive selection in the complete NBSLRR gene family of *Arabidopsis thaliana*. Genome Res，12：1305-1315.

[99] Nei M，Gojobori T. 1986. Simple methods for estimating the numbers of

synonymous and nonsynonymous nucleotide substitutions. Mol Biol Evol，3：418-426.

[100] Nei M. 1987. Molecular evolutionary genetics. Columbia University Press，New York，N. Y.

[101] Newcombe G，Chastagner GA，Schuette W，Stanton，BJ. 1994. Mortality among hybrid poplar clones in a stool bed following leaf rust caused by *Melampsora medusae* f. sp. *deltoides*. Can J For Res，24：1984-1987.

[102] Newcombe G，Chastagner GA. 1993a. First report of the Eurasian poplar leaf rust fungus. *Melampsora larici-populina* in North America. Plant Dis，77：532-535.

[103] Newcombe G，Chastagner GA. 1993b. A leaf rust epidemic of hybrid poplar along the lower Columbia River caused by *Melampsora medusae.* Plant Dis，77：528-531.

[104] Newcombe G，Stirling B，Bradshaw HD，McDonald S. 2000. *Melampsora×columbiana*，a natural hybrid of *M. medusae* and *M. occidentalis*. Mycol Res，104：261-274.

[105] Newcombe G，Stirling B，Bradshaw Jr HD. 2001. Abundant pathogenic variation in the new hybrid rust *Melampsora×columbiana* on hybrid poplar. Phytopathol，91：981-985.

[106] Newcombe G. 1998. Association of *Mmd*1，a major gene for resistance to *Melampsora medusae* f. sp. *deltoides* with quantitative traits in poplar rust. Phytopathol，88：114-121.

[107] Newcombe G，Bradshaw HD Jr，Chastagner GA，Stettler RF. 1996. A major gene for resistance to *Melampsora medusae* f. sp. *deltoides* in hybrid poplar pedigree. Phytopathol，86：87-94.

[108] Noir S，Combes MC，Anthony F，Lashermes P. 2001. Origin，diversity and evolution of NBS-type disease-resistance gene homologues in coffee trees（Coffea L.）. Mol Genet Genom，265：654-662.

[109] Ohmori T，Murata M，Motoyoshi F. 1998. Characterization of disease

resistance gene-like sequences in near-isogenic lines of tomato. Theor Appl Genet，96：331-338.

[110] Paal J，Henselewski H，Muth J，Meksem K，Menéndez CM，Salamini F，Ballvora A，Gebhardt C. 2004. Molecular cloning of potato *Cro*1-4 gene conferring resistance to pathotype Ro1 of the root cyst nematode *Globodera rostochiensis*，based on a candidate gene approach. Plant J，38：285-297.

[111] Pan Q，Wendel J，Fluhr W. 2000. Divergent evolution of plant NBS-LRR resistance gene homologues in dicot and cereal genomes. J Mol Evol，50：203-213.

[112] Parker JE，Coleman MJ，Szabò V，Frost LN，Schmidt R，van der Biezen EA，Moores T，Dean C，Daniels MJ，Jones JD. 1997. The *Arabidopsis* downy mildew resistance gene *RPP*5 shares similarity to the toll and interleukin-1 receptors with *N* and *L*6. Plant Cell，9：879-894.

[113] Pearce F. 1995. Seeing the wood for the trees. New Sci，145：12-13.

[114] Pei MH，Ruiz C，Harris J，Hunter T. 2003. Quantitative inoculation of poplars with *Melampsora larici-populina*. Euro J Plant Path，109：269-276.

[115] Picot C，Teissier du Cros E. 1993a. Susceptibility of *P. deltoides* Bartr. to *Melampsora larici-populina* and *M. allii-populina* I. Quantitative analysis of a 6×6 factorial mating design. Silvae Genetica，42：179-187.

[116] Picot C，Teissier du Cros E. 1993b. Susceptibility of *P. deltoides* Bartr. to *Melampsora larici-populina* and *M. allii-populina* II. Quantitative analysis of a 6×6 factorial mating design. Silvae Genetica，42：188-199.

[117] Pinon J，Frey P. 1997. Structure of *Melampsora larici-populina* populations on wild and cultivated poplar. Euro J Plant Pathol，103：159-173.

[118] Pinon J，Newcombe G，Chastagner GA. 1994. Identification of races of *Melampsora larici-populina*，the Eurasian rust fungus，on *Populus* species in California and Washington. Plant Dis，78：101.

[119] Pinon J. 1992. Variability in the genus *Populus* in sensibility to

Melampsora rusts. Silvae Genetica，41：25-33.

[120] Pinon J. van Dam BC，Genetet I，De Kam M. 1987. Two pathogenic races of *Melampsora larici-populina* in north-western Europe. Eur J For Pathol，17：47-53.

[121] Prakash CS，Heather WA. 1986. Inheritance of resistance to races of *Melampsora medusae* in *Populus deltoides*. Silvae Genetica，35：74-77.

[122] Prakash CS，Heather WA. 1989. Inheritance of partial resistance to two races of leaf rust，*Melampsora medusae* in eastern cottonwood，*Populus deltoides*. Silvae Genetica，38：90-94.

[123] Prakash CS，Thielges BA. 1987. Pathogenic variation in *Melampsora medusae* leaf rust of poplars. Euphytica，36：563-570.

[124] Pu JW，Song JL，Xie YM，Gu RJ. 2002. Characteristics of lignin structure of triploid clones of *Populus tomentosa* Carr. J Beijing For Univ，24：211-215.

[125] Radwan O，Mouzeyar S，Nicolas P，Bouzidi MF. 2005. Induction of a sunflower CC-NBS-LRR resistance gene analogue during incompatible interaction with *Plasmopara halstedii*. J Exp Bot，56：567-575.

[126] Rogers S O, Bendich AJ. 1985. Extraction of DNA from milligram amounts of fresh，herbarium，and mummified plant tissues. Plant Mol Biol，5：1041-1045.

[127] Rozas J，Rozas R. 1999. DnaSP version 3，an integrated program for molecular population genetics and molecular evolution analysis. Bioinformatics，15：174-175.

[128] Ryan CA. 1990. Protease inhibitors in plants：genes for improving defenses against insects and pathogens. Annu Rev Phytopathol，28：425-449.

[129] Saitou N，Nei M. 1987. The neighbor-joining method：A new method for reconstructing phylogenetic trees. Mol Biol Evol，4：406-425.

[130] Sawyer SA. 1999. GENECONV：a computer package for the statistical detection of gene conversion. Distributed by the author，Department of

Mathematics，Washington University，St. Louis.

[131] Scofield SR，Tobias CM，Rathjen JP，Chang JH，Lavelle DT，Michelmore RW，Staskawicz BJ. 1996. Molecular basis of gene-for-gene specificity in bacterial speck disease of tomato. Science，274：2063-2065.

[132] Seah S，Spielmeyer W，Jahier J，Sivvasithamparam K，Lagudah ES. 2000. Resistance gene analogs within an introgressed chromosomal segment derived from *Triticm vemricusum* that confers resistance to nematode and rust pathogens in wheat. Mol Plant-Microbe Interact，13：334-341.

[133] Shadle GL，Wesley SV，Korth KL，Chen F，Lamb C，Dixon RA. 2003. Phenylpropanoid compounds and disease resistance in transgenic tobacco with altered expression of L-phenylalanine ammonia-lyase. Phytochem，64：153-161.

[134] Shen KA，Chin DB，Arroyo-Garcia R，Ochoa OE，Lavelle DO，Wroblewski T，Meyers BC，Michelmore RW. 2002. *Dm*3 is one member of a large constitutively expressed family of nucleotide binding site-leucine-rich repeat encoding genes. Mol Plant-Microbe Interact，15：251-261.

[135] Shen KA，Meyers BC，Islam-Faridi MN，Chin DB，Stelly DM，Michelmore RW. 1998. Resistance gene candidates identified by PCR with degenerated oligonucleotide primers map to clusters of resistance genes in lettuce. Mol Plant-Micorbe Interact，11：815-823.

[136] Smith NA，Singh SP，Wang M. B，Stoutjesdijk PA，Green AG，Waterhouse PM. 2000. Total silencing by intron-spliced hairpin RNAs. Nature，407：319-320.

[137] Song P，Cai CQ，Skokut M，Kosegi BD，Petolino JF. 2002. Quantitative real-time PCR as a screening tool for estimating transgene copy number in WHISKERS™-derived transgenic maize. Plant Cell Rep，20：948-954.

[138] Spiers AG，Hopcroft DH. 1994. Comparative studies of the popular rust *Melampsora medusae*，*M. laricis-populina*，and their interspecific hybrid *M. medusae-populina*. Mycol Res，98：889-903.

[139] Spiers AG，Hopcroft HD. 1990. Ultrastructural studies of interactions between resistant and susceptible poplar cultivars and the rusts , *Melampsora medusae* and *Melampsora larici-populina.* New Zealand J Bot，28：307-322.

[140] Staskawicz BJ，Ausubel FM，Baker BJ，Ellis JG，Jones JD. 1995. Molecular genetics of plant disease resistance. Science，268：661-667.

[141] Steimel J ， Chen W ， Harrington TC. 2005. Development and characterization of microsatellite markers for the poplar rust fungi *Melampsora medusae* and *Melampsora larici-populina.* Mol Ecol Notes，5：484-486.

[142] Sterky F，Bhalerao RR，Unneberg P，Segerman B，Nilsson P，Brunner AM，Campaa L，Jonsson-Lindvall J，Tandre K，Strauss SH，Sundberg B，Gustafsson P，Uhlen M，Bhalerao RP，Nilsson O，Sandberg G，Karlsson J，Lundeberg J，Jansson S. 2004. A *Populus* EST resource for plant functional genomics. Proc Natl Acad Sci USA，101：13951-13956.

[143] Sterky F，Regan S，Karlsson J，Hertzberg M，Rohde A，Holmberg A，Amini B，Bhalerao R，Larsson M，Villarroel R，Van Montagu M，Sandberg G，Olsson O，Teeri TT，Boerjan W，Gustafsson P，Uhlen M，Sundberg B，Lundeberg J. 1998. Gene discovery in the wood-forming tissues of poplar：Analysis of 5692 expressed sequence tags. Proc Natl Acad Sci USA，95：13330-13335.

[144] Stirling B，Newcomb G，Vrebalov J，Bosdet I，Bradshaw Jr HD. 2001. Suppressed recombination around the *MXC*3 locus，a major gene for resistance to poplar leaf rust. Theor Appl Genet，103：1129-1137.

[145] Stirling B，Yang ZK，Gunter LE，Tuskan GA，Bradshaw Jr HD. 2003. Comparative sequence analysis between orthologous regions of the *Arabidopsis* and *Populus* genomes reveals substantial synteny and microcollinearity. Can J For Res，33：2245-2251.

[146] Tabor GM，Kubisiak TL，Klopfenstein NB，Hall RB，McNab HS Jr. 2000.

Bulked segregant analysis identifies markers linked to *Melampsora medusae* resistance in *Populus deltoides*. Phytopathol，90：1039-1042.

[147] Tabor GM，Kubisiak TL，Klopfenstein NB，Hall RB，McNab HS Jr. 1998. Molecular marker linked to *Melampsora medusae* resistance in *Populus deltoides*（Abstr.）. Phytopathol，88（Suppl.）：S118.

[148] Tameling WIL，Elzinga SDJ，Darmin PS，Vossen JH，Takken FLW，Haring MA，Cornelissen BJC. 2002. The tomato *R* gene products I-2 and Mi-1 are functional ATP binding proteins with ATPase activity. Plant Cell，14：2929-2939.

[149] Tang XY，Frederick RD，Zhou JM，Halterman DA，Jia YL，Martin GB. 1996. Physical interaction of avrpot and the Pot kinase defines a recognition event involved in plant disease resistance. Science，274：2060-2063.

[150] Taylor G. 2002. Populus：Arabidopsis for forestry. Do we need a model tree？ Annals Bot，90：681-689.

[151] Thielges BA，Adams JC. 1975. Genetic variation and habitability of Melampsora leaf rust resistance in eastern cottonwood. For Sci，22：278-282.

[152] Thompson JD，Gibson TJ，Plewniak F，Jeanmougin F，Higgins DG. 1997. The CLUSTAL X windows interface：flexible strategies for multiple sequence alignment aided by quality analysis tools. Nucleic Acid Res，25：4876-4882.

[153] Thordal-Christensen H. 2003. Fresh insights into processes of nonhost resistance. Curr Opin Plant Biol，6：351-357.

[154] Thurau T，Kifle S，Jung C，Cai D. 2003. The promoter of the nematode resistance gene $Hs1^{pro-1}$ acitvates a nematode-responsive and feeding site-specific gene expression in sugar beet（*Beta vulgaris* L.）and *Arabidopsis thaliana*. Plant Mol Biol，52：643-660.

[155] Toyota K，Tamura M，Ohdan T，Nakamura Y. 2006. Expression profiling

of starch metabolism-related plastidic translocator genes in rice. Planta，223：248-257.

[156] Tuskan GA，DiFazio S，Jansson S，Bohlmann J，Grigoriev I，Hellsten U，Putnam N，Ralph S，Rombauts S，Salamov A，Schein J，Sterck L，Aerts A，Bhalerao RR，Bhalerao RP，Blaudez D，Boerjan，W，Brun A，Brunner A，Busov V，Campbell M，Carlson J，Chalot M，Chapman J，Chen GL，Cooper D，Coutinho PM，Couturier J，Covert S，Cronk Q，Cunningham R，Davis J，Degroeve S，Déjardin A，dePamphilis C，Detter J，Dirks B，Dubchak I，Duplessis S，Ehlting J，Ellis B，Gendler K，Goodstein D，Gribskov M，Grimwood J，Groover A，Gunter L，Hamberger B，Heinze B，Helariutta Y，Henrissat B，Holligan D，Holt R，Huang W，Islam-Faridi N，Jones S，Jones-Rhoades M，Jorgensen R，Joshi C，Kangasjärvi J，Karlsson J，Kelleher C，Kirkpatrick R，Kirst M，Kohler A，Kalluri U，Larimer F，Leebens-Mack J，Leplé JC，Locascio P，Lou Y，Lucas S，Martin F，Montanini B，Napoli C，Nelson DR，Nelson C，Nieminen K，Nilsson O，Pereda V，Peter G，Philippe R，Pilate G，Poliakov A，Razumovskaya J，Richardson P，Rinaldi C，Ritland K，Rouzé P，Ryaboy D，Schmutz J，Schrader J，Segerman B，Shin H，Siddiqui A，Sterky F，Terry A，Tsai C，Uberbacher E，Unneberg P，Vahala J，Wall K，Wessler S，Yang G，Yin T，Douglas C，Marra M，Sandberg G，Van de Peer Y，Rokhsar D. 2006. The genome of black cottonwood，*Populus trichocarpa*（Torr. & Gray）. Science，313：1596-1604.

[157] Van der Biezen EA，Jones JDG. 1998a. The NB-ARC domain：a novel signaling motif shared by plant resistance gene products and regulators of cell death in animals. Curr Biol，8：R226-R227.

[158] Van der Biezen EA，Jones JDG. 1998b. Plant disease resistance proteins and the “gene-for-gene” concept. Trends Biochem Sci，23：454-456.

[159] Veronese P，Ruiz MT，Coca MA，Hernandez-Lopez A，Lee H，Ibeas JI，Damsz B，Pardo JM，Hasegawa PM，Bressan RA，Narasimhan ML. 2003.

In defense against pathogens. Both plant sentinels and foot soldiers need to know the enemy. Plant Physiol，131：1580-1590.

[160] Villar M，Lefevre F，Bradshaw Jr HD，Teissier du Cros E. 1996. Molecular genetics of rust resistance in poplars（*Melampsora larici-populina* Kleb/*Populus* sp.）by bulked segregant analysis in a 2×2 factorial mating design. Genetics，143：531-536.

[161] Wang ZX，Yamanouchi U，Katayose Y，Sasaki T，Yano M. 2001. Expression of the *Pib* rice-blast-resistance gene family is up-regulated by environmental conditions favouring infection and by chemical signals that trigger secondary plant defenses. Plant Mol Biol，47：653-661.

[162] Wang ZX，Yano M，Yamanouchi U，Iwamoto M，Monna L，Hayasaka H，Katayose Y，Sasaki T. 1999. The *Pib* gene for rice blast resistance belongs to the nucleotide binding and leucine-rich repeat class of plant disease resistance genes. Plant J，19：55-64.

[163] Wesley SV，Helliwell CA，Smith NA，Wang MB，Rouse DT，Liu Q，Gooding PS，Singh SP，Abbott D，Stoutjesdijk PA，Robinson SP，Gleave AP，Green AG，Waterhouse PM. 2001. Construct design for efficient，effective and high throughput gene silencing in plants. Plant J，27：581-590.

[164] Whitham S，Dinesh-Kumar SP，Choi D，Hehl R，Corr C，Baker B. 1994. The product of the tobacco mosaic virus resistance gene *N*: similarity to toll and the interleukin-1 receptor. Cell，78：1101-1115.

[165] Widin KD，Scbipper AL. 1980. Epidemiology of *Melampsora medusae* leaf rust of poplars in north central United States. Can J For Res，10：257-263.

[166] Xiao SY，Ellwood S，Calis O，Patrick E，Li TX，Coleman M，Turner JG. 2001. Broad-spectrum mildew resistance in *Arabidopsis thaliana* mediated by RPW8. Science，291：118-120.

[167] Xing XT，Zhang ZY. 2002. Genetic control of airdried wood density，mechanical properties and its application for veneer timber breeding of new triploid clones in *Populus tomentosa* Carr.. Forestry Studies in China，4：

52-60.

[168] Yaish MWF，Sáenz de Miera LE，Pérez de la Vega M. 2004. Isolation of a family of resistance gene analogue sequences of the nucleotide binding site（NBS）type from *Lens* species. Genome，47：650-659.

[169] Yang Z. 1997. PAML：A program package for phylogenetic analysis by maximum likelihood. CABIOS，13：555-556.

[170] Yang ZH，Nielsen R，Goldman N，Pedersen AMK. 2000. Codon-substitution models for heterogeneous selection pressure at amino acid sites. Genetics，155：431-449.

[171] Yang L，Ding J，Zhang C，Jia J，Weng H，Liu W，Zhang D. 2005. Estimating the copy number of transgenes in transformed rice by real-time quantitative PCR. Plant Cell Rep，23：759-763.

[172] Yin TM，DiFazio SP，Gunter LE，Jawdy SS，Boerjan W，Tuskan A. 2004. Genetic and physical mapping of *Melampsora* rust resistance genes in *Populus* and characterization of linkage disequilibrium and flanking genomic sequence. New Phytologist，164：95-105.

[173] Yoshimura S，Yamanouchi U，Katayose Y，Toki S，Wang ZX，Kono I，Kurata N，Yano M，Iwata N，Sasaki T. 1998. Expression of *Xa*1，a bacterial blight-resistance gene in rice，is induced by bacterial inoculation. Proc Natl Acad Sci USA，95：1663-1668.

[174] Yu YG，Buss GR，Maroof MAS. 1996. Isolation of a super family of candidate disease resistance genes in soybean based on a conserved nucleotide-binding site. Proc Natl Acad Sci USA，93：11751-11756.

[175] Yu D，Chen C，Chen Z. 2001. Evidence for an important role of WRKY DNA binding proteins in the regulation of *NPR*1 gene expression. Plant Cell，13：1527-1539.

[176] Yun BW，Atkinson HA，Gaborit C，Greenland A，Read ND，Pallas JA，Loake GJ. 2003. Loss of actin cytoskeletal function and EDS1 activity，in combination，severely compromises non-host resistance in Arabidopsis

against wheat powdery mildew. Plant J，34：768-777.

[177] Zhang D，Zhang Z，Yang K，Li B. 2004. Genetic mapping in（*Populus tomentosa×Populus bolleana*）and *P. tomentosa* Carr. using AFLP markers. Theor Appl Genet，108：657-662.

[178] Zhang J，Steenackers M，Storme V，Neyrinck S，Van Montagu M，Gerats T，Boerjan W. 2001. Fine mapping and identification of nucleotide binding site/Leucine-rich repeat sequences at the *MER* locus in *Populus deltoides* s9-2. Phytopathol，91：1069-1073.

[179] Zhang Q，Zhang ZY，Lin SZ，Lin YZ. 2005. Resistance of transgenic hybrid triploids in *Populus tomentosa* Carr. against 3 species of Lepidopterans following two winter dormancies conferred by high level expression of cowpea trypsin inhibitor gene. Silvae Genetica，54：108-116.

[180] Zhang XS，He X. 2003. Botany，China Agriculture Press，pp112.

[181] Zhang Z Y，Li FL，Zhu ZT. 1997. Doubling technology of pollen chromosome of *Populus tomentosa* and its hybrids. J Beijing For Univ（English ed.），6：9-20.

[182] Zhang ZY，Li FL，Zhu ZT. 1992. Chromosome doubling and triploid breeding of *Populus tomentosa* Carr. and its hybrid. J Beijing For Univ，14：52-58.

[183] Zhang ZY，Li FL，Zhu ZT. 1992. Chromosome doubling and triploid breeding of *Populus tomentosa* Carr. and its hybrid. J Beijing For Univ，14（Suppl）：52-58.

[184] Zhang ZY，Li FL，Zhu ZT. 1997. Doubling technology of pollen chromosome of *Populus tomentosa* and its hybrids. J Beijing For Univ，6：9-20.

[185] Zhu HY，Cannon SB，Young ND，Cook DR. 2002. Phylogeny and genomic organization of the TIR and non-TIR-NBS-LRR resistance gene family in *Medicago truncatula*. Mol Plant-Microbe Interact，15：529-539.

[186] Zhu ZT，Zhang ZY. 1997. Status and advances of genetic improvement of

Populus tomentosa Carr.. J Beijing For Univ，6：1-7.

[187] Zhu ZT，Zhang ZY. 1997. Status and advances of genetic improvement of *Populus tomentosa* Carr.. J Beijing For Univ，（English ed.）6：1-7.

[188] Ziller WG. 1965. Studies of western tree rusts. VI. The aecial host ranges of *Melampsora albertensis*，*M. medusae*，and *M. occidentalis*. Can J Bot，43：221-238.

[189] Ziller WG. 1974. The tree rusts of western Canada. Can For Serv Publ，1329.

[190] Zimmermann P，Hirsch-Hoffmann M，Hennig L，Gruissem W. 2004. GENEVESTIGATOR，*Arabidopsis* microarray database and analysis toolbox. Plant Physiol，136：2621-2632.

博士期间发表的论文与登录的基因

博士期间发表的论文：

1. Zhang Q. Zhang Z Y，Lin S Z，Zheng H Q，Lin Y Z，An X M，Li Y，Li H X. 2008. Characterization of resistance gene analogs with a nucleotide binding site isolated from a triploid white poplar. Plant Biology，10：310-322.（SCI）
2. Zhang Q，Zhang Z Y，Lin S Z，Lin Y Z. 2005. Resistance of transgenic hybrid triploids in *Populus tomentosa* Carr. against 3 species of lepidopterans following two winter dormancies conferred by high level expression of cowpea trypsin inhibitor gene. Silvae Genetica，54（3）：108-116.（SCI）
3. Zhang Q. Zhang Z Y，Lin S Z，Zheng H Q，Lin Y Z，An X M，Li Y，Li H X. Expression profiling of disease resistance gene candidates with a nucleotide binding site in a triploid white poplar. Biologia Plantarum（SCI，Accepted）
4. Zheng H Q，Lin S Z，Zhang Q，Lei Y，Zhang Z Y. Functional analysis of 5' untranslated region of a TIR-NBS-encoding gene from triploid white poplar. Mol Genet Genomics DOI 10.1007/s00438-009-0471-5（SCI，in press）
5. Zhang Q，Lin S Z，Lin Y Z，Zhang Z Y. 2004. Identification of *CpTI* gene integration for 2-year-old transgenic poplars at DNA level. Forestry Studies in China，6（3）：15-19.
6. Zhang Q，Zhang Z Y，Lin S Z，Lin Y Z. 2005. Assessment of rhizospheric microorganisms of transgenic *Populus tomentosa*

with cowpea trypsin inhibitor（CpTI）gene. Forestry Studies in China，7（3）：28-34.

7. 张谦，林善枝，林元震，张志毅，王泽亮，杨俊杰. 2005. 树木抗病基因研究进展. 西北植物学报，25（9）：1921-1930.
8. 张谦，张志毅，林善枝，林元震，李琰，李海霞. 2006. 基因毛白杨NBS型抗病基因类似序列克隆毛果杨抗病基因. 全国博士学术论坛论文集，中国北京，pp105.
9. Lin S Z，Zhang Z Y，Lin Y Z，Liu W F，Guo H，Zhang W，Zhang Q. 2004. Comparative study on antioxidative system in normal and vitrified shoots of *Populus suaveolen* in tissue culture. Forestry Studies in China，6（3）：1-8.
10. Lin S Z，Zhang Z Y，Liu W F，Lin Y Z，Zhang Q，Zhu B Q. 2005. Role of glucose-6-phosphate dehydrogenase in freezing-induced freezing resistance of *Populus suaveolen*. J Plant Physiol Mol Biol 31：34-40.
11. Lin S Z，Zhang Z Y，Zhang Q，Lin Y Z. 2006. Progress in the study of molecular genetic improvements of poplar in China. J Integrative Plant Biology，48（9）：1001-1007.（SCI）
12. Lin S Z，Guo H，Liu W F，Lin Y Z，Zhang Q，Hu D M，Zhu B Q，Zhang Z Y. 2004. Characterization and role of glucose-6-phosphate dehydrogenase of *Populus suaveolen* in induction of freezing resistance. Forestry Studies in China，6（4）：1-7.
13. Lin Y Z，Lin S Z，Zhang Q，Wang X，Zhang Z Y. 2005. High level expression of glucose-6-phosphate dehydrogenase gene PsG6PDH from Populus suaveolens in E. coli. Forestry Studies in China 7（3）：35-38.
14. Lin Y Z，Lin S Z，Zhang W，Zhang Q，Zhang Z Y，Guo H，Liu W F. 2005. Cloning and sequence analysis of a glucose-6-phosphate dehydrogenase gene PsG6PDH from freeing-tolerant

Populus suaveolens. Forestry Studies in China，7（1）：1-6.

15. Lin S Z，Zhang Z Y，Lin Y Z，Zhang Q，Guo H. 2004. The Role of Calmodulin in Freezing-Induced Freezing Resistance of *Populus tomentosa* Cuttings. J Plant Physiology Molecular Biology，30（1）：59-68
16. 林元震，林善枝，张志毅，张蔚，郭晥，张谦. 2004. 甜杨的组织培养和快速繁殖. 植物生理学通讯，40（4）：463.
17. 王泽亮，林善枝，张志毅，林元震，张谦，罗磊. 2005. 植物功能基因组学研究技术及其在林木中的应用. 植物生理学通讯，41（4）：413-418.
18. Zheng H Q*，Zhang Q*. Zhang Z Y，Lin S Z，An X M，Li H X. Over-expression of The triploid white poplar ptDrol gene enhances resistance to tobacco mosaic virus. Plant Biology（SCI，Accepted；* The authors conhibuted equally to this work）

论文涉及登录的基因（Accession number）：

1. DQ018367-DQ018370，4 个；
2. DQ324280-DQ324362，83 个；
3. DQ536144-DQ536179，36 个；
4. DQ513194-DQ513257，64 个；

共计登录 187 个基因

致　谢

本研究是在北京林业大学林木遗传育种国家重点学科所属的林木育种国家工程实验室和林木花卉遗传育种教育部重点实验室完成的。值此论文完成之际，谨向所有帮助过我的老师和同学表示诚挚的谢意。

首先感谢我的导师张志毅教授四年来给予我的悉心指导。本研究从立题、实验、数据分析及论文撰写都倾注了导师无数心血。张志毅教授视野开阔、学识渊博和博大的科学精神给予我莫大的鼓舞；他严谨的治学态度、朴素的工作作风和平易近人的高尚品德深深地影响着我；他的教诲，将使我受益终身，永记心怀。在我毕业之际，衷心感谢对我关怀备至的导师。

本论文在实验设计与实验过程中得到了林木遗传育种教研室续九如教授、康向阳教授、李云教授、李悦教授、安新民副教授、张德强副教授、张金凤副教授、荆艳萍副教授、胡冬梅老师、庞晓明讲师、李颖岳讲师等极大的支持、鼓励和帮助。在平常的学习、生活和科研过程中还得到北京农学院杨凯老师、中国林科院苏晓华研究员、卢孟柱研究员、我校贺伟教授、田呈明副教授、林善枝副教授、李凤兰教授、李镇宇教授、骆有庆教授、谢响明副教授、林元震博士、刘美芹博士、郑会全硕士、李琰硕士、李海霞硕士、王泽亮博士、乔梦吉硕士、王冬梅博士、周在豹硕士、宗世祥博士、陈敏讲师、陶凤杰硕士、刘海军博士、李义良博士、常新华博士、周祥明博士、李博博士、王鑫硕士、杜慧同学、赵红艳同学、张明圆同学等热情帮助；在室外试验过程中得到彭娱康师傅及实验室所有老师同学的帮助和支持；在烟草抗病实验中，得到中国农科院王锡峰研究员提供的TMV毒源和技术指导；在此一并致谢！

最后，还要感谢我的爱人石峻峰和全家人对我的理解、支持和帮助。

张 谦

2007.5.30于北京肖庄

本文缩写词

NBS	Nucleotide Binding Site	核苷酸结合位点
LRR	Leucine Rich Repeat	亮氨酸富集重复
RGA	Resistance Gene Analog	抗病基因同源序列
aa	Amino Acid	氨基酸
CaMV	Cauliflower Mosaic Virus	花椰菜花叶病毒
CpTI	Cowpea Trypsin Inhibitor	豇豆胰蛋白酶抑制剂
Kan	Kanamycim	卡那霉素
PCR	Polymerase Chain Reaction	聚合酶链式反应
NptII	Neomycin Phosphotransferase-II	新霉素磷酸转移酶
SDS-PAGE	Sodium Dodecyl Sulphate Polyacrylmidegelelectrophorensis	十二烷基磺酸钠－聚丙烯酰胺凝胶电泳
ORF	Open Reading Frame	开放阅读框
SA	Salicylic Acid	水杨酸
MeJA	Methyl Jasmoic Acid	甲基茉莉酸
SL	Shoot Leaf	幼苗叶片
ML	Mature Leaf	成熟树叶
AL	Apical Leaf	幼嫩树叶
YB	Young Bark	幼嫩树皮
MB	Mature Bark	成熟树皮
R	Root	根
TMV	Tabocco Masaic Virus	烟草花叶病毒
w	Week	周
s	Second	秒

h	Hour	小时
min	Minute	分钟
d	Day	天
cm	Cetimeter	厘米
mg	Miligram	毫克
ml	Mililiter	毫升